创新职业教育系列教材

砌筑工程施工

郭秀丽　主编

中国林业出版社

图书在版编目(CIP)数据

砌筑工程施工／郭秀丽主编．—北京：中国林业出版社，2015.11
（创新职业教育系列教材）
ISBN 978 - 7 - 5038 - 8216 - 6

Ⅰ.①砌… Ⅱ.①郭… Ⅲ.①砌筑 - 工程施工 - 技术培训 - 教材
Ⅳ.①TU754.1

中国版本图书馆 CIP 数据核字(2015)第 254423 号

出版：中国林业出版社(100009 北京西城区德胜门内大街刘海胡同 7 号)
E-mail：Lucky70021@sina.com **电话**：010 - 83143520
发行：中国林业出版社总发行
印刷：北京中科印刷有限公司
印次：2015 年 12 月第 1 版第 1 次
开本：787mm×1092mm 1/16
印张：12.75
字数：230 千字
定价：25.00 元

创新职业教育系列教材
编委会

《砌筑工程施工》
作者名单

序　言

"以就业为导向，以能力为本位"是当今职业教育的办学宗旨。如何让学生学得好、好就业、就好业，首先在课程设计上，就要以社会需要为导向，有所创新。中职教程应当理论精简、并通俗易懂易学，图文对照生动、典型案例真实，突出实用性、技能性，着重锻炼学生的动手能力，实现教学与就业岗位无缝对接。这样一个基于工作过程的学习领域课程，是从具体的工作领域转化而来，是一个理论与实践一体化的综合性学习。通过一个学习领域的学习，学生可完成某一职业的典型工作任务(有用职业行动领域描述)，处理典型的"问题情境"；通过若干"工作即学习，学习亦工作"特点的系统化学习领域的学习，学生不仅仅可以获得某一职业的职业资格，更重要的是学以致用。

近年来，几位职业教育界泰斗从德国引进的基于工作过程的学习领域课程，又把我们的中职学校的课程建设向前推动了一大步；我们又借助两年来的国家示范校建设契机，有选择地把我们中职学校近年来对基于工作过程学习领域课程的探索进行了系统总结，出版了这套有代表性的校本教材——创新职业教育系列教材。

本套教材，除了上述的特点外，还呈现了以下特点：一是以工作任务来确定学习内容，即将每个职业或专业具有代表性的、综合性的工作任务经过整理、提炼，形成课程的学习任务——典型工作任务，它包括了工作各种要素、方法、知识、技能、素养；二是通过工作过程来完成学习，学生在结构完整的工作过程中，通过对它的学习获取职业工作所需的知识、技能、经验、职业素养。

这套系列教材，倾注了编写者的心血。两年来，在已有的丰富教学实践积累的基础之上不断研发，在教学实践中，教学效果得到了显著提升。

课程建设是常说常新的话题，只有把握好办学宗旨理念，不断地大胆创新，把所实践的教学经验、就业后岗位工作状况不断地总结归纳，必将会不断地创新出更优质的学以致用的好教材，真正地为"大众创业、万众创新"做好基础的教学工作。

沈士军

2015 年岁末

前　言

　　本书是根据建设部颁布的《建设行业职业技能标准》、《职业技能岗位鉴定规范》及《土木建筑职业技能岗位培训计划大纲》编写的，还遵照《砌筑工程施工质量验收规范》（GB 50203—2002）及其他现行的规范、标准和规程进行编写。其内容具有科学性、规范性、实用性、新颖性和可操作性。适用于建筑行业施工人员学习及同类院校的教材。

　　本书由宿迁中等专业学校组织编写。宿迁中等专业学校郭秀丽老师任主编，郭秀丽编写学习情境一（砖基础砌筑）；严亚东编写学习情境二（承重墙砌筑施工）；袁晓勇编写学习情境三（填充砖墙砌筑施工）；沈亮和外聘兼职教师徐富强（江苏富昂建设投资有限公司）编写学习情境四（零星砌体的施工）。

　　本书在编写过程中，专业建设团队的领导和全体老师提出了许多宝贵意见，学校及教务处领导也给予了大力支持。同时本书得到江苏富昂建设投资有限公司等积极参与和大力帮助，在此表示诚挚的感谢。

　　本书引用了大量的规范、专业文献等资料，恕未在书中一一注明，在此向有关作者表示诚挚的谢意。本书的内容体系在本校内属首次尝试，由于作者水平有限，恳请广大师生和读者提出宝贵意见。

编　者

目录
CONTENTS

学习情境一　砖基础的施工

一、学习目标

能组织房屋建筑砖基础施工。

二、技能目标与知识目标

（一）技能目标

1. 砖基础的施工组织
2. 砖基础的质量检查验收
3. 砖基础的安全施工
4. 会编制砖基础的施工方案

（二）知识目标

1. 砖基础的构造
2. 砖基础的工程用料
3. 砖基础砌筑工艺

三、学习任务

（一）砖基础的砌筑材料

（二）砖基础的砌筑方法的练习

（三）砖基础识读及砌筑准备

（四）砖基础砌筑施工

（五）砖基础质量验收与评价

（六）砖基础质量事故和安全事故的预防和处理

（七）砖砌大放脚条形基础施工方案的编制

学习任务一 砖基础的材料

学习目标

通过本任务知识的学习，使学生掌握砖基础材料的种类和特征；学会根据工程需要，合理选用砖基础的材料。

学习任务

学习砌筑带型大放脚的砖基础。

任务分析

学生在学习砌筑带型基础大放脚过程中，首先了解砖在砖基础中摆放位置；其次掌握砖基础转角处、丁字接头处、十字接头处大放脚的砌筑方法和要求。

任务实施

（一）烧结黏土砖的应用

烧结黏土砖在我国已有 2000 多年的历史，由于黏土砖具有一定强度及隔热、隔声、耐久、价格低廉等特点，因此在相当长的时间内，一直作为主要材料用于砌筑工程中，但其施工机械化程度低，生产时大量毁占耕地，能耗大，不利于环保。因此，我国目前正大力推进墙体材料改革，积极发展推广新型砖材，使其向节土利废、轻质高强、大块节能的方向发展。黏土砖可用于砌筑柱、拱、烟囱、窑身、沟道及基础等，可与轻集料混凝土、加气混凝土、岩棉等复合砌筑成各种轻体墙，砌成薄壳，修建跨度较大的屋盖。在砌体中配置适当的钢筋和钢筋网成为配筋砖砌体，可代替钢筋混凝土柱、过梁等。

1. 烧结多孔砖

烧结多孔砖是以黏土、页岩、煤矸石为主要原料经焙烧而成的，孔洞率不小于 15%，孔尺寸小而数量多，用于砌筑墙体的承重用砖，如图 1-1 所示。

（1）砖的规格

多孔砖有 190mm×190mm×90mm（代号为 M）和 240mm×115mm×90mm（代号为 P）两种规格，如图 1-2 所示。

图1-1 多孔砖   图1-2 砖的规格

（2）技术性能及应用

强度等级：多孔砖根据抗压强度、抗折荷重分为 MU30、MU25、MU20、MU15、MU10、MU7.5 这6个强度等级。

多孔砖与实心砖相比，其单位体积大，表观密度轻。我国目前生产承重多孔砖的孔洞率一般为 18% ~ 28%，其表观密度为 1350 ~ 1480kg/m³，并且竖孔的孔洞尺寸一般均较小（避免砌筑过程中过多砂浆进入孔洞中）。

2. 烧结空心砖

烧结空心砖是以黏土、页岩、煤矸石为主要原料经焙烧而成的，孔洞率不小于35%，孔尺寸大而数量少的做填充非承重用砖。空心砖孔洞采用矩形条孔或其他孔形。

（1）砖的规格

烧结空心砖的长度、宽度、高度均应符合：长 290mm、宽 190mm、高 90mm；长 240mm、宽 180mm（175mm）、高 115mm，如图1-3所示。

图1-3 空心砖的规格

（2）技术性质

①分级。根据密度不同，烧结空心砖分为 800kg/m³、900kg/m³、1100kg/m³三个密度级别。其各级密度等级对应的五块砖密度平均值分别为不大于 800kg/m³、801 ~ 900kg/m³、901 ~ 1100kg/m³，否则为不合格品。

②分等。每个密度级别根据孔洞及其排数、尺寸偏差、外观质量、强度等

级和物理性能分为优等品（A）、一等品（B）和合格品（C）3个等级。

③强度等级。空心砖的强度等级分为 MU5.0、MU3.0、MU2.0 这 3 个等级。

生产和使用黏土多孔砖和空心砖可节约黏土 25% 左右，节约燃料 10% ~ 20%，比实心砖减轻墙体自重 1/4 ~ 1/3，提高功效 40%，降低造价约 20%，并改善了墙体的热工性能。因此，当前改革黏土砖的一个重要途径是使黏土砖空心化。

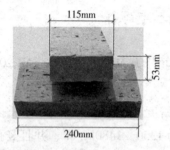

图1-4　普通砖规格

3. 烧结普通砖

（1）规格。标准尺寸：240mm × 115mm × 53mm，如图 1-4 所示。

（2）外观质量。条面高度差、弯曲程度、杂质突出、缺棱掉角、裂纹长度、色泽均匀。

（3）强度等级。烧结普通砖根据 10 块砖样的抗压强度平均值、强度标准值和单块最小抗压强度值，分为 MU30、MU25、MU20、MU15、MU10 五个强度等级。其强度值应符合表 1-1 的规定。

表 1-1　烧结普通砖的强度等级（GB 5101—2003）

强度等级	抗压强度平均值 ≥（MPa）	变异系数 $\delta \leqslant 0.21$	变异系数 $\delta > 0.21$
		强度标准值 $f_k \geqslant$（MPa）	单块最小抗压强度值 $f_{min} \geqslant$（MPa）
MU30	30.0	22.0	25.0
MU25	25.0	18.0	22.0
MU20	20.0	14.0	16.0
MU15	15.0	10.0	12.0
MU10	10.0	6.5	7.5

（4）抗风化性能。抵抗风化的能力，用抗冻性、5 小时沸煮吸水率、饱和系数来评定。对于严重风化地区应特别注意。

（5）泛霜是指可溶性盐类在砖表面的盐析现象，一般呈白色粉末、絮团或絮片状。

轻微泛霜的砖只对清水墙建筑的外观有影响，中等泛霜的砖不得用于潮湿的部位；严重泛霜对建筑结构的破坏较大。因此，每块砖样应符合：优等品，无泛霜；合格品，不得严重泛霜。

（6）石灰爆裂。烧结砖的原料中夹杂着石灰质，烧结时被烧成生石灰，砖吸水后其熟化体积膨胀而发生爆裂现象，称为石灰爆裂。这种现象影响砖的质量，并降低砌体强度。

按 GB 5101—2003 规定，优等品砖不允许出现最大破坏尺寸大于 2mm 的爆裂区域。

合格品砖：①最大破坏尺寸大于 2mm 且不大于 15mm 的爆裂区域，每组砖样不得多于 15 处，其中大于 10mm 的不得多于 7 处；②不允许出现最大破坏尺寸大于 15mm 的爆裂区域。

（7）应用。承重墙、非承重墙、柱、拱、窑炉、基础等。特点：既有一定的强度，又有较好的隔热、隔声性能，价格低廉，除黏土外，还可利用粉煤灰、煤矸石和页岩等为原料生产烧结普通砖。这些原料的化学成分与黏土相似，但有的颗粒细度较粗，有的塑性较差，可以通过破碎、磨细、筛分和配料（如掺入黏土等材料）等手段来解决。生产工艺与用黏土为原料生产的烧结砖相同，形状和尺寸规格、强度等级和产品等级的要求与黏土砖相同。

（二）砂浆

1. 砌筑砂浆

（1）砂浆的种类

砌筑砂浆有水泥砂浆、石灰砂浆和混合砂浆 3 种。

①砂浆的等级。砌筑所用砂浆的强度等级有 M0.4、M1.0、M2.5、M5、M7.5、M10 这 6 种。

②砂浆的选择。砂浆种类选择及其等级的确定，应根据具体设计要求。

水泥砂浆和混合砂浆可用于砌筑潮湿环境和强度要求较高的砌体，但对于基础一般采用水泥砂浆。

石灰砂浆宜用于砌筑干燥环境中以及强度要求不高的砌体，不宜用于潮湿环境的砌体及基础，因为石灰属气硬性胶凝材料，在潮湿环境中，石灰膏不但难以结硬，而且会出现溶解流散现象。

2. 材料要求

砌筑砂浆使用的水泥品种及标号，应根据砌体部位和所处环境来选择。水泥进场使用前，应分批对其强度、安定性进行复验。检验批次应以同一生产厂家、同一编号为一批。

3. 砂浆拌制

砂浆用砂的含泥量应满足下列要求：对水泥砂浆和强度等级不小于 M5 的

水泥混合砂浆，不应超过5%；对强度等级小于M5的水泥混合砂浆，不应超过10%；人工砂、山砂及特细砂，应经试配能满足砌筑砂浆技术条件要求。

（1）砂浆的拌制

砂浆的不同标号，是用不同数量的原材料拌制成的。各种材料的比例成为配合比。目前使用的砂浆配合比都是重量比。

一般情况下，多数施工单位采用设计图上要求的砂浆标号和稠度，根据参数值来参照试配，经检验各种指标均达到设计要求，即可按参数配合比进行施工。

①拌制砂浆用水，水质应符合国家现行标准JGJ 63—2006《混凝土拌和用水标准》的规定。

②砂浆现场拌制时，各组分材料应采用质量计量。

③砌筑砂浆应采用机械搅拌，自投料完成算起，搅拌时间应符合下列规定。

• 水泥砂浆和水泥混合砂浆不得少于2分钟。

• 水泥粉煤灰砂浆和掺用外加剂的砂浆不得少于3分钟。

• 掺用有机塑化剂（微沫剂）的砂浆，应为3～5分钟。

砂浆应采用砂浆搅拌机拌和。搅拌水泥砂浆时，应先将砂及水泥投入，干拌均匀后，再加水搅拌均匀；搅拌水泥混合砂浆时，应先将砂及水泥投入，干拌均匀后，再投入石灰膏（或黏土膏等）加水搅拌均匀；搅拌粉煤灰砂浆时，宜先将粉煤灰、砂与水泥及部分水投入，待基本拌匀后，再投入石灰膏加水搅拌均匀。

在水泥砂浆和水泥石灰浆中掺用微沫剂时，微沫剂掺量应实现通过实验确定，一般为水泥用量的0.5/10000～1/10000（微沫剂按100%浓度计）。微沫剂宜用不低于70℃的水稀释至5%～10%的浓度。微沫剂溶液应随拌料投入搅拌机内。

拌成后的砂浆，其稠度应符合要求；分层度不应大于30分钟；颜色一致。

砂浆拌成后和使用时，均应盛入储灰器中，如砂浆出现泌水现象，应在砌筑前再次拌和。砂浆应随拌随用。水泥砂浆和水泥混合砂必须在拌成后3～4小时内使用完毕，如当前施工期间最高气温超过30℃时，必须在拌成后2～3小时后使用完毕，尤其在砌筑中不得使用过夜砂浆。拌制砂浆前对各种材料要进行过秤，以保证质量比准确，为了使操作者心中有数，配合比准确，砂浆配合比见表1-2。

表 1-2 砌筑砂浆配合比 单位：m³

定额编号		1	2	3	4	5
项目		混合砂浆				
		M1.0	M2.5	M5.0	M7.5	M10
材料	单位	数量	数量	数量	数量	数量
32.5MPa 水泥	吨	0.158	0.176	0.204	0.232	0.261
石灰	吨	0.075	0.067	0.055	0.042	0.030
中砂	立方米	1.015	1.015	1.015	1.015	1.015
水	立方米	0.400	0.400	0.400	0.400	0.400

单位：m³

定额编号		6	7	8	9	10	11
项目		混合砂浆 M15	水泥砂浆				
			M5.0	M7.5	M10	M15	M20
材料	单位	数量	数量	数量	数量	数量	数量
32.5MPa 水泥	吨	0.317	0.216	0.246	0.271	0.330	0.390
石灰	吨	0.005	—	—	—	—	—
中砂	立方米	1.015	1.015	1.015	1.015	1.015	1.015
水	立方米	0.400	0.290	0.290	0.290	0.290	0.290

常用砌筑砂浆强度等级配合比见表 1-3。

表 1-3 常用砌筑砂浆强度等级配合比

混凝土 强度等级		425#水泥 数量(kg)	中砂 数量(kg)	石灰膏 数量(kg)	水 数量(kg)
混合砂浆	M10	265	1515	0.06	0.40
	M7.5	212	1515	0.07	0.40
	M5.0	156	1515	0.08	0.40
	M2.5	95	1515	0.09	0.60
水泥砂浆	M10	286	1515	—	0.22
	M7.5	237	1515	—	0.22
	M5.0	188	1515	—	0.22
	M2.5	138	1515	—	0.22

（2）砂浆应进行强度检验

砂浆试块应在搅拌机出料口随机取样、制作。一组试样应在同一盘砂浆中取样制作。同盘砂浆只能制作一组试样。

砂浆的抽样率应符合下列规定：

①每一工作班每台搅拌机取样不得少于一组。

②每一楼层的每一分项工程取样不得少于一组。

③每一楼层或250m³砌体中同强度等级和品种的砂浆取样不得少于3组。基础砌体可按一个楼层计。

砌筑砂浆试块强度验收时，其强度合格标准必须符合下列规定：

①同一验收批砂浆试块抗压强度平均值必须不小于设计强度等级所对应的立方体抗压强度。

②同一验收批砂浆试块抗压强度的最小一组平均值必须不小于设计强度等级所对应的立方体抗压强度的0.75倍。

③砂浆强度应以标准养护龄期为28天的试块抗压试验结果为准。

抽检数量：每一检验批且不超过250m³砌体中的各种类型及强度等级的砌筑砂浆，每台搅拌机应至少抽查一次。

检验方法：在砂浆搅拌机出料口随机取样制作砂浆试块（同盘砂浆只应制作一组试块），最后检查试块试验报告单。

学习任务二 砌筑方法的练习

学习目标

通过本单元知识的学习，学会砖砌体砌筑中常用的几种操作方法，并能熟练"三一"砌砖法。

1. 熟悉各种方法的操作要点（如步法、手法等）。

2. 熟悉各种方法的优缺点及试用范围。

3. 熟悉各种方法的注意事项。

学习任务

练习瓦刀批灰法、"三一"砌砖法、坐浆砌砖法、铺灰挤砌法、"二三八一"砌筑法。

任务分析

通过任务的练习，学习者达到掌握各砌筑的细节要领及步骤；在实践的基础上了解各种方法的优缺点及适用范围，以及各种方法的注意事项；在此基础上进行对比和总结并能在工程实际中合理选择砌筑法。

任务实施

(一)砌砖基本功

砖砌体是由砖和砂浆共同组成的。每砌一块砖，需经铲灰、铺灰、取砖、摆砖 4 个动作来完成。这 4 个动作就是砌筑工的基本功。

1. 铲灰

铲灰常用的工具为瓦刀、大铲、小灰桶、灰斗。在小灰桶中取灰，最适宜于披灰法砌筑。若手法正确、熟练，灰浆就容易铺得平整和饱满。用瓦刀铲灰时，要掌握好取灰的数量，尽量做到一刀灰一块砖。

2. 铺灰

砌砖速度的快慢、砌筑质量的好坏与铺灰有很大关系。初学者可单独在一块砖上练习铺灰，砖平放、铲一刀灰，顺着砖的长边方向放上去，然后用挤浆法砌筑。

3. 取砖

砌墙时，操作者应顺墙斜站，砌筑方向是由前向后退着砌。这样易于随时检查已砌好的墙是否平直。

用挤浆法操作时，铲灰和取砖的动作应该一次完成，这样不仅节约时间，而且减少了弯腰的次数，使操作者能比较持久地进行操作。

取砖时先选砖，操作者对摆放在身边的砖要进行全面的观察，初学时可将砖平托在左手掌上，使掌心向上，砖的大面贴在手心，这时用该手的食指或中指稍勾砖的边棱，依靠四指向大拇指方向的运动，配合抖腕动作，砖就在左掌心旋转起来了。操作者可观察砖的 4 个面(两个条面、两个丁面)，然后选定最合适的面朝向墙的外侧。

4. 摆砖

摆砖是完成砌砖的最后一个动作，砌体能不能做到横平竖直。错缝搭接、灰浆饱满、整洁美观的要求，关键在摆砖上下功夫。

练习时可单独在一段墙上操作，操作者的身体同墙皮保持 20cm 左右的距离，手必须握住砖的中间部分，摆放前用瓦刀将少量灰浆刮到端头上，抹上"碰头灰"，使竖向砂浆饱满。摆放时要注意手指不能碰撞准线，特别是砌顺砖的外侧面时，一定要在砖将要落墙时的一瞬间跷起大拇指。砖摆上墙以后，如果高出准线,可以稍稍揉压砖块。灰缝中挤出的灰可以用瓦刀随手刮起甩入竖缝中。

5. 砍砖

砍砖的动作虽然不在砌筑的4个动作之内,但为了满足砌体的错缝要求,砖的砍凿是必要的。砍凿一般是用瓦刀或刨锛作砍凿工具,当所需形状比较特殊且用量较多时,也可利用扁头钢凿、尖头钢凿配合手锤开凿。开凿尺寸的控制一头是利用砖作为模数来进行画线的,其中七分头用得最多,可以在瓦刀柄和刨锛把上先量好位置,刻好标记槽,以利提高功效。

(1)砖砌体砌筑操作方法

我国广大建筑工人在长期的操作实践中,积累了丰富有成效的砌筑经验,并总结出各种不同的操作方法。这里介绍目前常用的几种操作方法。

①瓦刀披灰法。瓦刀披灰法又称满刀灰法或带刀灰法,是指在砌砖时,先用瓦刀将砂浆抹在黏结面上和砖的灰缝处,然后将砖用力按在墙上的方法,如图1-5所示。该法是一种常见的砌筑方法,适用于砌空斗墙、1/4砖墙、平拱、弧拱、窗台、花墙、炉灶等的砌筑。但其要求稠度大、黏性好的砂浆与之配合,也可使用黏土砂浆和白灰砂浆。

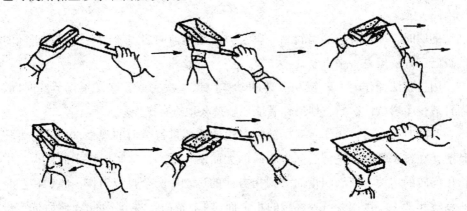

图1-5 瓦刀披灰法砌砖

用瓦刀披灰法操作时右手拿瓦刀,左手拿砖,先用瓦刀将砂浆正手刮在砖的侧面,然后反手砂浆抹满砖的大面,并在另一侧刮上砂浆。要刮布均匀,中间不要留空隙,四周可以厚一些,中间薄些。与墙上已砌好的砖接触的头缝也要刮上砂浆。当砖块刮好砂浆后,放在墙上,挤压至准线平齐。如有挤出墙面的砂浆,须用瓦刀刮下填于竖缝内。

用瓦刀披灰砌筑,能做到刮浆均匀、灰缝饱满。但其功效低,劳动强度大。

②"三一"砌砖法。"三一"砌砖法的基本操作是"一铲灰、一块砖、揉一

揉"。

● 步法。操作时人应顺墙体斜站,左脚在前离墙约15cm左右,右脚在后距墙及左脚30~40cm。砌筑方向是由前往后退着走,这样操作可以随时检查已砌好的砖是否平直,砌完3~4块砖后,左脚后退半步,人斜对墙面可砌约50cm,砌完后左脚后退半步,右脚后退一步,恢复至开始砌砖时的位置,如图1-6所示。

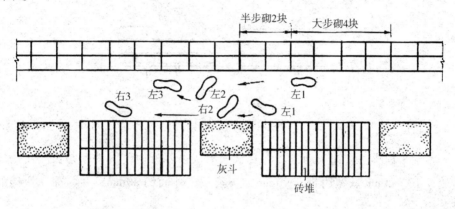

图1-6 "三一"砌砖法的步法平面

● 铲灰取砖。铲灰时应先用铲底摊平砂浆表面(便于掌握吃灰量),然后用手腕横向转动来铲灰,减少手臂动作,取灰量要根据灰缝厚度,以满足一块砖的需要量为准。取砖时应随拿随挑好下一块砖。左手拿砖,右手拿砂浆,同时拿起来,以减少弯腰次数,争取砌筑时间。

● 铺灰。将砂浆铺在砖面上的动作可分为甩、溜、丢、扣等几种。

在砌顺砖时,当墙砌得不高且距操作处较远时,一般采用溜灰法铺灰;当墙砌得较高时,常用扣灰法铺灰。此外,还可采用甩灰法铺灰,如图1-7所示。

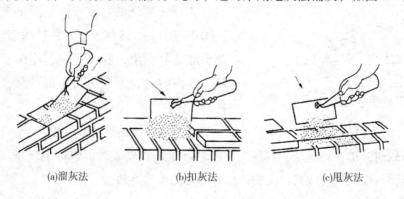

(a)溜灰法   (b)扣灰法   (c)甩灰法

图1-7 砌顺砖时铺灰

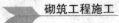

在砌丁砖时，当砌墙较高且近身砌筑时常用丢灰法铺灰；在其他情况下，还经常用扣灰法铺灰，如图1-8所示。

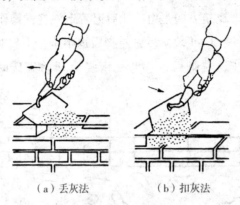

（a）丢灰法　　　　　　（b）扣灰法

图1-8　砌丁砖时铺灰

不论采用哪一种铺灰动作，都要求铺出灰条要近似砖的外形，长度比一块砖稍长10～20mm，宽约80～90mm，灰条距墙外面约20mm，并与前一块砖的灰条相接。

●揉挤。左手拿砖在离已砌好的前砖约3～4cm处开始平放堆挤，并用手轻揉。在揉砖时，眼要向上边看线，下边看墙皮，左手中指随即同时伸下，摸一下上、下砖棱是否齐平。砌好一块砖后，随即用铲将挤出的砂浆刮回，放在竖缝中或随手投入灰斗中。揉的力量要小些，目的是使砂浆饱满。铺在砖上的砂浆如果较薄，揉的力量要小些，砂浆较厚时，揉的劲要稍大一些，并且根据已铺砂浆的位置要前后揉或左右揉，总之揉到下齐砖棱上齐线为适宜，要做到平齐、轻放、轻揉，如图1-9所示。

图1-9　揉砖

"三一"砖砌法的优点：由于铺出来的砂浆面积相当于一块砖的大小，并且随即揉砖，因此灰缝容易饱满，黏结力强，能保证砌筑质量；在挤砌时随手刮去挤出的砂浆，使墙保持清洁。

"三一"砌砖法的缺点：一般是个人操作，操作时取砖、铲灰、铺灰、转身、弯腰等繁琐工作较多，影响砌筑效率，因而可用两铲灰砌三块砖或三铲灰砌四块砖的办法来提高效率。

这种操作方法适合于砌窗间墙、砖柱、砖垛、烟囱等较短的部位。

③坐浆砌砖法（又称摊尺砌砖法）。坐浆砌砖法是指在砌砖时，先在墙上铺

500mm 左右的砂浆，用摊尺找平，然后在已设铺好的砂浆上砌砖的方法，如图 1-10 所示。该法适用于砌门窗洞较多的砖墙或砖柱。

●操作要点。操作时人站立的位置以距离墙面 100～150mm 为宜，左脚在前、右脚在后，人斜对墙面，随着砌筑前进方向退着走，每退一步可砌 3～4 块顺砖长。

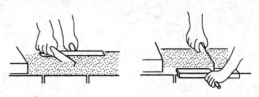

图 1-10　坐浆砌砖法

通常使用瓦刀，操作时用灰勺和大铲舀砂浆，均匀地倒在墙上，然后左手拿摊尺刮平。砌砖时左手拿砖，右手用瓦刀在砖的头经缝处打上砂浆，随即砌上砖并压实。砌实一段铺灰长度后，将瓦刀放在最后砌完的砖上，转身再舀灰，如此逐段铺砌。每次砂浆摊铺长度应看气温高低、砂浆种类及砂浆稠度而定，每次砂浆摊铺长度不宜超过 750mm（气温在 30℃ 以上，不应超过 500mm）。

●注意事项。在砌筑时应注意，砖块头缝的砂浆另外用瓦刀抹上去，不允许在铺平的砂浆上刮取，以免影响水平灰缝的饱满程度。摊尺铺灰砌筑时，可一人自行铺灰砌筑；墙较厚时，可组成两人小组，一人铺灰，一人砌墙，分工协作密切配合，这样会提高工效。

这种方法，因摊尺厚度同灰缝一样为 10mm，故灰缝厚度能够控制，便于掌握砌体的水平缝平直。又由于铺灰时摊尺靠墙阻挡砂流到墙面，所以墙面清洁美观，砂浆耗损少。但由于砖只能摆砌，不能挤砌；同时铺好的砂浆容易失水变稠干硬，因此黏结力较差。

④铺灰挤砌法。铺灰挤砌法师采用一定的铺灰工具，如铺灰器等，现在墙上用铺灰器铺一段砂浆，然后将砖紧压砂浆层，推挤砌于墙上的方法。

铺灰挤砌法分单手挤浆法和双手挤浆法两种。

●单手挤浆法。一般用铺灰器铺灰，操作者应沿着砌筑方向退着走。砌顺砖时，左手拿砖距前面的砖块约 5～6cm 处将砖放下，砖稍稍蹭灰面，沿水平方向向前推挤，把砖前灰浆推起作为立缝处砂浆（俗称挤头缝），并用瓦刀将水平灰缝挤出墙面的灰浆刮清甩填于产缝内，如图 1-11 所示。

当砌顶砖时，将砖擦灰面放下后，用手掌横向往前挤，挤浆的砖口要略呈倾斜，用手掌横向往前挤，到将近一指缝时，砖块略向上翘，一边带起灰浆刮清，甩填于立缝内，将砖压至与准线平齐为止，并将内外挤出的灰浆刮清，甩填于立缝内。

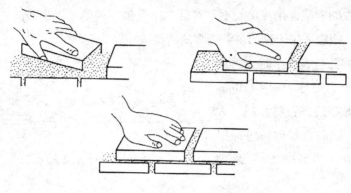

图 1-11 单手挤浆法

当砌墙的内侧顺砖时，应将砖由外向里靠，水平向前挤推，这样立缝处砂外浆容易饱满，同时用瓦刀将反面墙水平缝挤出的砂浆刮起，甩填于挤砌的立缝内。

挤浆砌筑时，手掌要用力，使砖和砂浆密切结合。

• 双手挤浆法。双手挤浆法操作时，使靠墙的一脚脚尖稍偏向墙边，另一只脚向斜前方踏出 40cm 左右（随着砌砖动作灵活移动），使两脚很自然地站成 T 形。身体离墙约 7cm，胸部略向外倾斜。这样，便于操作者转身拿砖、挤砖和看棱角。

拿砖时，靠墙的一只手先拿，另一只手跟着上去，也可双手同时取砖；两眼要迅速查看砖的边角，将棱角整齐的一边先砌在墙的外侧；取砖和选砖几乎同时进行。无论是砌顶砖还是顺砖，靠墙的一只手先挤，另一只手也迅速跟着挤砌（图 1-12）。其他操作方法与单手挤浆法相同。

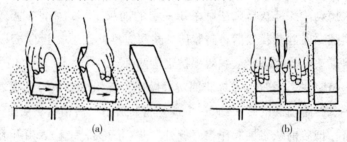

(a)   (b)

图 1-12 双手挤浆砌丁砖

如砌丁砖，当手上拿的砖与墙上原砌的砖相距 5~6cm 时；如砌顺砖距离约 13cm 时，把砖的一头（或一侧）抬起约 4cm，将砖插入砂浆中，随即将砖放平，手掌不要用力挤压，只需依靠砖的倾斜自坠力压住砂浆，平推前进。若竖缝过大，可用手掌稍加压力，将灰缝压实至1cm为止。然后看准砖面，如有不平，用手掌加压，使砖块平整。由于顺砖长，因而要特别注意砖块下齐边棱上平线，以防墙面产生凹进凸出和高低不平现象。

这种方法在操作时减少了每块砖要转身、铲灰、弯腰、铺灰等分作，可大大减轻劳动强度。并还可组成两人或三人小组，铺灰、砌砖分工协作，密切结合，提高工效。此外，由于挤浆时平推平挤，使灰缝饱满，充分保证墙体质量。但要注意，如砂浆保水性能不好时，砖湿润又不合要求，操作不熟练，推挤动作稍慢，往往会出现砂浆干硬，造成砌体黏性不良。因此在砌筑时要求快铺快砌，挤浆时严格掌握平推平挤，避免前低后高，以免把砂浆挤成沟槽使灰浆不饱满。

⑤"二三八一"砌筑法。"二三八一"操作法就是把砌筑的动作过程归纳为两种步法、三种弯腰姿势、八种铺灰手法、一种挤浆动作，叫做"二三八一砌砖动作规范"简称"二三八一"操作法。

"二三八一"砌筑法中的两种步法，即操作者以丁字步与并弄步交替退行操作；三种身法，即操作过程中采用侧弯腰、丁字步弯腰与并列步弯腰三种弯腰形式进行操作；八种铺灰手法，即砌条砖采用甩、扣、溜、泼4种手法和砌丁砖采用扣、溜、泼、一带二等4种手法；一种挤浆动作，即平推挤浆法。

"二三八一"砌筑法把砌砖动作复合成4个：即双手同时铲灰和拿砖→转身铺灰→挤浆和接刮余灰→甩出余灰，大大简化了操作，使身体各部分肌肉轮流运动，减少疲劳。

● 两种方法。砌砖时采用"拉槽取法"，操作者背向砌砖前进方向退步砌筑。开始砌筑时，人斜站成丁字步，左足在前、右足在后，后腿紧靠灰斗。这种站立方法稳定有力，可以目视前面砌筑部位的远近高低变化，只要把身体的重心在前后之间变换，就可以完成砌筑任务。

后腿靠近灰斗以后，右手自然下垂，就可以方便地在灰斗中取灰。右足绕足跟稍微转动一下，又可以方便地取到砖块。

砌到近身以后，左足后撤半步，右足稍稍移动即成为并列步，操作者基本上面对墙身，又可完成50cm长的砖墙砌筑。在并列步时，靠两足的稍稍旋转来完成取灰和取砖的动作。

一段砌筑全部砌完后，左足后撤半步，右足后撤一步，第二次又站成丁字步，再继续重复前面的动作。每一次步法的循环，可以完成1.5m的墙体砌筑，所以要求操作面上灰斗的排放间距也是1.5m。这一点与"三一"砌筑法是一样的。

• 三种弯腰姿势。侧身弯腰，当操作者站成丁字步的姿势铲灰和取砖时，应采取侧身弯腰的动作，利用后腿微弯，斜肩和侧身弯腰来降低身体的高度，以达到铲灰和取砖的目的。侧弯腰时动作时间短，腰部只承担轻度的负荷。在完成铲灰和取砖的同时，侧身弯腰时动作时间短，腰部只承担轻度重心移向前腿而转换成正弯腰（砌低矮墙身时）。

丁字步正弯腰、当操作者站成丁字步，并砌筑离身体较远的矮墙身时，应采用丁字步正弯腰的动作。

并列步正弯腰。丁字步下正弯腰时重心在前腿，当砌到近身砖墙并改成并列步砌筑时，操作者就取并列步正弯腰的动作。

• 八种铺灰手法。

甩法。甩法是"三一"砌筑法中的基本手法，适用于砌离身体部位低而远的墙体。铲取砂浆要求呈均匀的条状，当大铲提到砌筑位置时，将铲面转90°，使手心向上，同时将灰顺砖面中心甩出，使砂浆呈条形匀落下。

扣法。扣法适用于砌近身和较高部位的墙体，人站成并列步。铲灰时以后腿足跟为轴心转向灰斗，转过身来反铲扣出灰条，铲面的运动路线与甩法正好相反，也可以说是一种反甩法，尤其在砌低矮的近身墙时更是如此。扣灰时手心向下，利用手臂的前推力和落砂浆。

泼法。泼法适用于砌近身部位及身体后部的墙体，用大铲铲取扁平状的灰条，提到砌筑面上，将铲面翻转，手柄在前，平行向前制。

• 实施"二三八一"操作法必须具备的条件

工具准备。大铲是铲取灰浆的工具，砌筑时，要求大铲铲起的灰浆刚好能砌一块砖，再通过各种手法的配合才能达到预期的效果。铲面呈三角形，铲边呈三角形，铲边弧线平缓，铲柄角度合适的大铲才便于使用。可以利用带锯片根据个人的条件和需要自行加工。

材料准备。砖必须浇水达到合适的湿度，即砖的里面吸收够一定水分，而且表面阴干。一般可提前1~2天浇水，停水半天后使用。吸水合适的砖，可以保持砂浆的稠度，使挤浆顺利进行。砂子一定要过筛，不然在挤浆时会因为有粗颗粒而造成挤浆困难。除了砂浆的配合比和稠度必须符合要求外，砂浆的保水性也很重要，离析的砂浆很难进行挤浆操作。

操作面的要求。同"三一"砌筑法操作相同。加强基本功的训练。要认真推行"二三八一"操作法，必须培养和训练操作工人。本法对于砌筑工的初学者，由于没有习惯动作，训练起来更见效。

• "二三八一"砌砖法的特点。

采用此法能较好地保证砌筑质量，它基于"三一"砌砖法，而且动作连贯不间断，避免了铺灰时间长而影响砂浆黏结强度。

操作过程中对步法、身法和手法等都做了优化，明确规定远、近、高、低等不同操作面和操作位置应做的动作，消除了多余动作，提高了砌筑速度。

使用这种方法，使现场操作平面的布置和材料的堆放，能够达到布置合理、作业规范、文明施工。

(3) 基本操作要点

①选砖。砌筑时必须学会选砖，尤其是砌清水墙面。砖面的选择很重要，砖选择好，砌出墙来美观；选不好，砌出的墙粗糙。

选砖时，当一块砖拿在手中用手掌托起，将砖在手掌上旋转（俗称滑砖）或上下翻转，在转动中察看哪一面完整无损。有经验者，在取砖时，挑选第一块砖就选出第二块砖，做到"执一备二观三"，动作轻巧自如得心应手，才能砌出整齐美观的墙面。当砌清水墙时，应选用规格一致颜色相同的砖，把表面方整光滑不弯曲和不缺棱掉角的砖放在外面，砌出的墙才能颜色灰缝一致。因此，必须练好选砖的基本功，才能保证砌筑墙体的质量。

②放砖。砌在墙上的砖必须放平。往墙上按砖时，砖必须均匀水平地按下，不能一边高一边低，造成砖面倾斜。如果养成这种不好的习惯，砌出的墙会向外倾斜（俗称往外张或冲）或向内倾斜（俗称向里背或眠）。也有的墙虽然垂直，但因每皮砖放不平，每层砖出现一点马蹄楞形成鱼鳞墙，使墙面不美观，而且影响砌体强度。

③跟线穿墙. 砌砖必须跟着准线走，俗语叫"上跟线，下跟棱，左右相跟要对平"。就是说砌砖时，砖的上棱边要与线约离 1mm，下棱边要与下层已砌好的砖棱对平，左右前后位置要准。当砌完每皮砖时，看墙面是否平直，有无高出、低洼、拱出或拱进准线的现象，有了偏差应及时纠正。不但要跟线，还要做到用眼"穿墙"，即从上面第一块砖往下穿看，穿到底，每层砖都要在同一平面上，如果有出入，应及时修正。

④自检。在砌筑中，要随时随地进行自检。一般砌 3 层砖用线锤吊大角直不直，5 层砖用靠尺靠一靠墙面垂直平整度。俗语叫"三层一吊，五层一靠"。当墙砌起一步架时，要用拖线板全面检查一下垂直及平整度，特别要注意墙大角要绝对垂直平整，发现有偏差应及时纠正。

⑤不能砸不能撬。砌好的墙千万不能砸不能撬。如果墙面砌出鼓肚，用砖往里砸使其平整，或者当墙面砌出洼凹，往外撬砖，都不是好习惯。因砌好的砖砂浆与砖已黏结，甚至砂浆已凝固，经砸和撬以后砖面活动，黏结力破坏，墙就不牢固，如发现墙有大的偏差，应拆掉重砌，以保证质量。

⑥留脚手眼。砖墙砌到一定高度时，就需要脚手架。当使用单排立杆架子时，它的排木的一端就要支放在砖墙上。为了放置排木，砌砖时就要预留出脚手眼。一般在1m高处开始留，间距约1m一个。脚手架采用铁排木时，在砖墙上留一顶头大小孔洞即可，不必留大孔洞。对脚手眼的位置不能随便乱留，必须符合质量要求中的规定。

⑦留施工洞口。在施工中经常会遇到管道通过的洞口和施工用洞口。这些洞口必须按尺寸和部位进行预留，不允许砌完砖后凿墙开洞。凿墙开洞震动墙身，会影响砖的强度和整体性。对大的施工洞口，必须留在不重要的部位。如窗台下的墙可暂时不砌，作为内外通道用；或在山墙（无门窗的山墙）中部预留洞，其形式是高度不大于2m，下口宽约1.2m，上头成尖顶形式，才不致影响墙的受力。

⑧浇砖。在常温施工时，使用的新砖必须在砌筑前一两天浇水浸湿，一般以水浸入砖四边1cm左右为宜。不要现用现浇，更不能在架子上及地槽边浇砖，以防止造成塌方或架子增加重量而沉陷。浇砖是砌好砖的重要一环。如果用干砖砌墙，砂浆中的水分会被干砖全部吸去。使砂浆失水过多。这样不易操作，也不能保证水泥硬化所需的水分，从而影响砂浆强度的增长。这对整个砌体的强度和整体性都不利。反之，如果把砖浇得过湿或当时浇砖当时砌墙，表面水还未能吸进砖内，这时砖表面水分过多，形成一层水膜，这些水在砖与砂浆黏结时，反使砂浆增加水分，使其流动性变大。这样，砖的重量往往容易把灰缝压薄，使砖面总低于挂的小线，造成操作困难，更严重的会导致砌体变形。此外稀砂浆也容易流淌到墙面上弄脏墙面。所以这两种情况对砌筑质量都不能起到积极作用，必须避免。浇砖还能把砖表面的粉尘、泥土冲干净，对砌筑质量有利。砌筑灰砂砖时亦可适当洒水后再砌筑。冬季施工由于浇水砖会发生冰冻，在砖表面结成冰膜不能和砂浆很好结合，此外冬季水分蒸发量也小，所以冬季施工不要浇砖。

⑨文明操作。砌筑时要保持清洁，文明操作。当砌混水墙时要当清水墙砌。每砌至10层砖高（白灰砂浆可砌完一步架），墙面必须用刮缝工具画好缝，画完后扫净墙面。在铺灰挤浆时注意墙面整洁，不能污损墙面。砍砖头不要随便往

下砍扔，以免伤人。落地灰要随时收起，做到工完、料净、场清，确保墙面清洁美观。

综上所述，砌砖操作要点概括为："横平竖直，注意选砖，灰缝均匀，砂浆饱满，上下错缝，咬搓严密，上跟线，下跟棱，不游顶，不走缝。"

总之，要把墙砌好，除了要掌握操作的基本知识、操作规则以及操作方法外，还必须在实践中注意练好基本功，好中求快，逐渐达到熟练、优质、高效的程度。

学习任务三　砖基础图识读及砌筑准备

学习目标

通过本单元知识的学习，要求能够进行建筑砖基础图的绘制和识别；在此基础上能够做好施工前准备工作；学会施工前期的施工放样。

学习任务

以工程图纸为依据，应掌握以下几点：

（1）进行建筑砖基础图的识别。

（2）列举出砖基础施工前应具备的条件。

（3）模拟进行建筑砖基础施工前期施工放样。

任务分析

通过建筑砖基础图的识别，使学生掌握砖基础的种类形式；学生明白砌筑前应准备好哪些工作和放线要求；进而可以模拟进行建筑砖基础施工前期施工。

任务实施

（一）基础施工图

以下是某 3 层砖混结构的基础施工图，该基础的说明如下：

（1）图中所注尺寸均以毫米为单位，标高以米为单位。

（2）本工程室内地面标高 ±0.000 相对于绝对标高及位置如图 1-13 所示。

（3）基础垫层采用 C15 的素混凝土，砖基础 ±0.000 以下采用 M7.5 水泥砂浆砌筑。

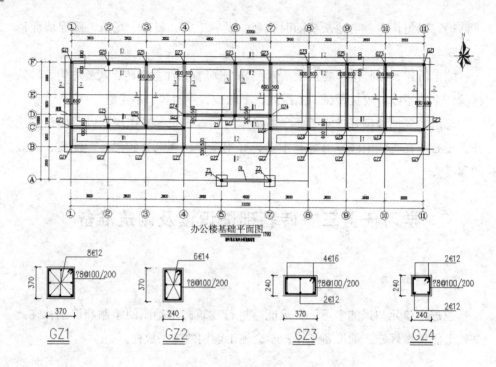

办公楼基础平面图

图 1-13 地面标高

（4）梁柱的混凝土强度等级为 C25，钢筋等级为 HPB235 及 HRB335。

（5）混凝土保护层厚度梁柱为 30mm，板厚 25mm。

（6）墙与构造柱连接处沿柱高设两根直径为 6mm、间距为 500mm 的锚拉筋入墙长度为 1m 或伸至洞口处。

（7）构造柱生根于基础垫层内上部伸至女儿墙顶，构造柱应先砌墙后浇注并留马牙槎。

（8）基础应坐于夯土上，基础施工时若预孔穴软弱层或其他不良地基应对地基进行处理后方可施工。

（9）圈梁沿墙布置。

从该图我们可以了解到，GZ1 的截面尺寸是 370mm×370mm，在四角配有 8 根直径为 12mm 的纵筋还配有直径为 8mm、间距为 100mm 且在加密区间距为 200mm 的箍筋；GZ2 的截面尺寸是 240mm×370mm，配有 6 根直径为 14mm 的纵筋，还配有直径为 8mm，间距为 100mm 且在加密区间距为 200mm 的箍筋；GZ3 截面尺寸是 370mm×240mm，在四角配有 4 根直径为 16mm 的纵筋以及在长度方向每侧面配有 1 根直径为 12mm 的纵筋，还配有直径为 8mm、间距为 100mm 且在加密区间距为 200mm 的箍筋；GZ4 截面尺寸是 240mm×240mm，在四角配有 4 根直径为 12mm 的纵筋，还配有直径为 8mm、间距为 100mm 且在加密区间距为 200mm 的箍筋；在标高为 −0.06 的地方设有厚度为 20mm 的水泥砂浆防潮层，水泥砂浆中掺 5% 的防水剂粉，如图 1-14 所示。

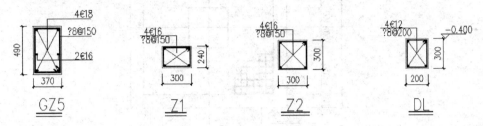

图 1-14　截面图

从该图我们可以了解到，GZ5 的截面尺寸是 370mm × 490mm，在四角配有 4 根直径为 18mm 的纵筋以及在高度方向每侧面配有一根直径为 16mm 的纵筋，还配有直径为 8mm、间距为 150mm 的箍筋；Z1 的截面尺寸是 240mm × 300mm，在四角配有 4 根直径为 16mm 的纵筋，还配有直径为 8mm、间距为 150mm 的箍筋；Z2 截面尺寸是 300mm × 300mm，在四角配有 4 根直径为 16mm 的纵筋，还配有直径为 8mm、间距为 150mm 的箍筋；DL 截面尺寸是 300mm × 200mm，在四角配有 4 根直径为 12mm 的纵筋，还配有直径为 8mm、间距为 200mm 的箍筋，地梁的标高为 −0.400，如图 1-15 所示。

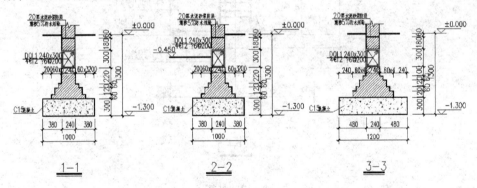

图 1-15　某 3 层砖混结构基础截面 1 − 1、2 − 2、3 − 3 剖面图

从图 1-16 和图 1-17 我们可以了解到，在截面 J − 1 的基础底板下设有一厚度为 100mm，混凝土强度等级为 C15 的素混凝土垫层，垫层的宽度为 1200mm，每侧伸出基础底板的宽度为 100mm。基础底板的截面尺寸为 1000mm × 1000mm，基础以上柱子的截面尺寸为 300mm × 300mm，在底板的两个方向均配有钢筋，且钢筋的直径均为 10mm，间距均为 200mm。柱中配有纵筋和 3 根直径为 8mm

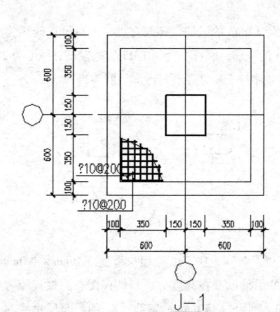

图 1-16 基础底板

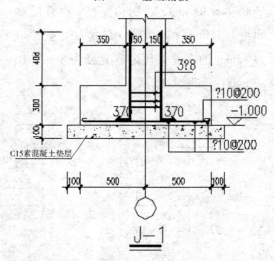

图 1-17 纵筋

的箍筋，纵筋在基础进行了锚固的处理，锚接长度为370mm。

(二)砖基础构造

砖基础多砌成台阶形状，俗称"大放脚"，砖基础有带形基础和独立基础，普通砖基础由墙基和大放脚两部分组成如图1-18所示。墙基与墙身同厚。大放脚即墙基下面的扩大部分，有等高式和间隔式两种，如图1-19所示。等高式大放脚是两皮一收，每收一次两边各收进1/4砖长；不等高式大放脚是两皮一收

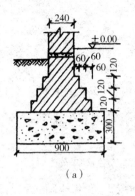
（a）

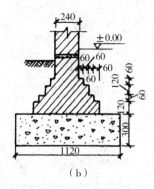
（b）

图 1-18　墙基

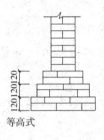
等高式

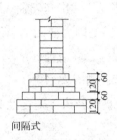
间隔式

图 1-19　大放脚

与一皮一收相间隔，每收一次两边各收进 1/4 砖长，大放脚的底宽应根据计算确定，各层大放脚的宽度应为半砖宽的整数倍。在大放脚的下面一般设置垫层。垫层材料可以用 3∶7 灰土或 2∶8 灰土，也可用 1∶2∶7 或 1∶3∶6 碎砖三合土。目前常用混凝土垫层。

为了防止土中水分沿砖块中毛细管上升而侵蚀墙身，应在室内地坪以下一皮砖处设置防潮层。防潮层一般用 1∶2 水泥防水砂浆，厚约 20mm，垂直防潮层可铺热沥青两道。

（三）施工准备

1. 材料

（1）普通黏土砖。标准砖尺寸为 240mm × 115mm × 53mm，分 MU30、MU25、MU20、MU15、MU10 五个强度等级。外观要求不得有翘曲、裂纹、缺棱掉角等缺陷，敲击时声音响亮。砖的标号须符合设计要求，应有出厂合格证及试验报告。

（2）水泥。水泥分普硅水泥或矿渣水泥。过期或受潮的水泥，必须经过试验，并根据试验结果使用。

（3）砂。工程中采用中砂，含泥量低于 5%。

（4）水。使用饮用水或天然水。

2．机具

（1）机械。使用砂浆搅拌机。

（2）工具。工具包括大铲、瓦刀、刨锛、担子板、线锤、木折尺、砖夹子、磅秤、皮数杆、水壶、水平尺、胶管、铁锹、笤帚、筛子、小车等。

3．作业条件

（1）基槽、垫层验收，标高、轴线复核，办好隐蔽验收手续。

（2）置龙门板或龙门桩，标出建筑物的主要轴线，标出基础、墙身轴线及标高，并用墨线弹出基础轴线和边线。

（3）按照基础大样图，吊线分中，弹出中心线和大放脚边线；检查垫层标高、轴线尺寸，并清理好垫层；先用干砖试摆，确定排砖方法和错缝位置，使砌体平面尺寸符合要求。

（4）在垫层转角、交接及高低踏步处预先立好基础皮数杆，控制基础的砌筑高度。

（5）平整场地，槽边留有堆料处。

首先根据施工图标高，在皮数杆上画出每皮砖及灰缝尺寸，然后依照皮数杆逐皮砌筑大放脚。砌筑基础时可依照皮数杆先砌几层转角及交接处部分的砖，然后在其间拉准线砌中间部分，如图1-20所示。

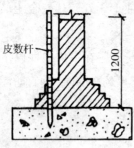

图1-20　皮数杆

（6）脚手架应随砌随搭设；运输通道须通畅，各类机具应准备就绪。

（7）在常温下施工，黏土砖在砌筑前一天浇水湿润，砖以水浸入表面下10～20mm深为宜；雨天作业不得使用含水率饱和状态的砖。

（8）根据皮数杆最下面一层砖的标高，拉线检查基础垫层、表面标高是否合适，如第一层砖的水平灰缝大于20mm时，应用细石混凝土找平，不得用砂浆或砂浆掺细砖或碎石处理。

（9）砌筑部位的灰渣、杂物应清除干净，基层浇水湿润。

（10）砂浆配合比需经试验室根据实际材料确定。准备好砂浆试模。应按试验确定的砂浆配合比拌制砂浆，并搅拌均匀。常温下拌好的砂浆应在拌和后3～4小时内用完；当气温超过30℃时，应在2～3小时内用完。严禁使用过夜砂浆。

（11）基槽安全防护已完成，无积水、并通过了质检员的验收。

（四）放线

1. 测设轴线控制桩

轴线控制桩又称为引桩或保险桩，一般设置在基槽边线外 2～3m，不受施工干扰而又便于引测的地方。当现场条件许可时，也可以在轴线延长线两端的固定建筑物上直接做标记。

为了保证轴线控制桩的精度，最好在轴线测设的同时标定轴线控制桩。若单独进行轴线控制桩的测设，可采用经纬仪定线法或者顺小线法。

2. 测设龙门板

在建筑的施工测量中，为了便于恢复轴线和抄平，可在基槽外一定距离钉设龙门板。

（1）钉龙门桩。在基槽开挖线外 1.0～1.5m 处（应根据土质情况和挖槽深度等确定）钉设龙门桩，龙门桩要钉竖直、牢固，木桩外侧面与基槽平行。

（2）测设 ±0.000 标高线。根据建筑场地水准点，用水准仪在龙门桩上测设出建筑物 ±0.000 标高线，若现场条件不允许，也可测设比 ±0.000 稍高或稍低的某一整分米数的标高线，并标明。龙门桩标高测设的误差一般应不超过 ±5mm。

（3）钉龙门板。沿龙门桩上 ±0.000 标高线钉龙门板，使龙门板上沿与龙门桩的 ±0.000 标高对齐。钉完后应对龙门板上沿的标高进行检查，常用的检查方法有仪高法、测设已知高程法等。

（4）设置轴线钉。采用经纬仪定线法或顺小线法，将轴线投测到龙门板上沿，并用小钉标定，该小钉为轴线钉。投测点容许误差为 ±5mm。

（5）检测。用钢尺沿龙门板上沿检查轴线钉间的间距，看是否符合要求。一般要求轴线间距检测值与设计值的相对精度为 1/2000～1/5000。

（6）设置施工标志。以轴线钉为准，将墙边线、基础边线与基槽开挖边线等标定与龙门板上沿。然后根据基槽开挖边线拉线，用石灰在地面上撒出开挖边线。龙门板的优点是标志明显、使用方便，可以控制 ±0.000 标高，控制轴线以及墙、基础与基槽的宽度等，但其耗费的木材较多，占用场地且有时有碍施工，尤其是采用机械挖槽时常常遭到破坏，所以目前在施工测设中，较多地采用轴线控制桩。

3. 基槽（或基坑）开挖的抄平放线

施工中基槽是根据所设计的基槽边线（灰线）进行开挖的，当挖土快到槽底设计标高时，应在基槽壁上测设离基槽底设计标高为某一整数（如 0.500m）的水平桩（又称腰桩）用以控制基槽开挖深度。基槽内水平桩常根据现场已测设好的 ±0.000 标高或龙门板上沿高进行测设。例如，槽底标高为 −1.500m（即比 ±0.000 低 1.500m），测设比槽底标高高 0.500m 的水平桩。将后视水准尺置于龙门板上沿（标高为 ±0.000），得后视度数 $a = 0.685$，则水平桩上皮的应有前视读数 $b = ±0.000 + a − (−1.500 + 0.500) = 0.685 + 1.000 = 1.685$（m）。立尺于槽壁上下移动，当水准仪视线中读数为 1.685m 时，即可沿水准尺尺底在槽壁打入竹片（或小木桩），槽底就在距此水平桩上沿往下 0.5m 处。施工时常在槽壁每隔 3m 左右以及槽壁拐弯处测设一水平桩，有时还根据需要，沿水平桩上表面拉上白线绳，或在槽壁上弹出水平墨线，作为清理槽底抄平时的标高依据。水平桩标高容许误差一般为 ±10mm。当槽基挖到设计高度后，应该核槽底宽度。根据轴线钉，采用顺小线悬挂锤球的方法将轴线引测至槽底，按轴线检查两侧挖方宽度是否符合槽底设计宽度 a、b。当挖方尺寸小于 a 或 b 时，应予以修正。此时可以在槽壁钉木桩，使桩顶对齐槽底应挖边线，然后再按桩顶进行修边清底。

4. 基础弹线

在基槽四角各相对龙门板的轴线标钉上拴上白线挂紧，沿白线挂线锤，找出白线在垫层面上的投影点，把各投影点连接起来，即基础的轴线。按基础图所示尺寸，用钢尺向两侧量出各道基础底部大脚的边线，在垫层上弹上墨线。如果基础下没有垫层，无法弹线，可将中线或基础边线或基础边线用大钉子钉在槽沟边或基底下，以便挂线。

5. 基础墙标高控制

在垫层上弹出轴线和基础边线后，便可砌筑基础墙（±0.000 以下的墙体）。基础墙的高度时利用基础皮数杆来控制的。基础皮数杆是一根木杆其上标明了 ±0.000 的高度，并按照设计尺寸，画有每皮砖和灰缝厚度，以及防潮层的位置与需要预留洞口的标高位置等。立皮数杆时，先在立杆处打一木桩，按测设已知高程的方法用水准仪抄平，在桩的侧面抄出高于垫层某一数值（如 0.1m）的水平线。然后，将皮数杆上高度与其相同的一条线与木桩上的水平线对齐并用大铁钉把皮数杆与木桩钉在一起，作为砌墙时控制标高的依据。基础墙砌到 ±0.000 标高下一皮砖时，要测设防潮层标高，容许误差为不大于 ±5mm。有的防潮层是在基础墙上抹一层防水砂浆，也作为墙身砌筑前的抹平层。为使防潮层顶面高程与设计标高一致，可以在基础墙上相间 10m 左右及拐角处做防水砂浆灰墩，按测设已知高程的方法用水准仪抄平灰墩表面，使灰墩上表面标高与防潮层设计高程相等，然后，再由施工人员根据灰墩的标高进行防潮层的抹灰找平。

放线尺寸校核砌筑基础前，应校核放线尺寸，允许偏差应符合表1-4的规定。

注意：检查数量外墙基础每20m抽查一处，每处3延长米，但不少于3处；内墙基础按有代表性的自然间抽查10%，但不少于3间，每间不少于2处。

表1-4　校核放线尺寸

项次	项目	允许偏差（mm）	检验方法
1	轴线位置偏移	10	用经纬仪或拉线和尺寸检查
2	基础顶面标高	±15	用水准仪和尺量检查
3	表面平整度	8	用长靠尺和楔形塞尺检查
4	水平灰缝平直度	10	拉10m线和尺量检查
5	水平灰缝厚度（10皮砖累计数）	±8	与皮数杆比较尺量检查

学习任务四　砖基础砌筑施工

学习目标

通过本单元知识的学习，了解砖基础施工工艺及施工方法；会合理砌筑砖基础部位；在砌筑中会使用皮数杆。

学习任务

以工程图纸为依据，进行砖基础砌筑练习。

任务分析

在练习中，使学生知道皮数杆的作用及安放位置；使学生熟悉砖基础施工每道工艺及内容。

任务实施

1. 施工工艺

施工工艺顺序如下：基坑验槽、砖基找平放线→配制砂浆→摆砖撂底→墙

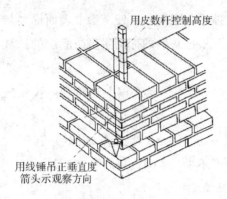

用皮数杆控制高度

用线锤吊正垂直度
箭头示观察方向

图 1-21　基础皮数杆设置示意图

体盘角→立杆挂线→砌筑基础→基础验收、养护→办理隐蔽验收手续。

2. 设置基础皮数杆

基础皮数杆的位置，应设在基础转角（图1-21），内外墙基础交接处及高低踏步处。基础皮数杆上级应标明大放脚的皮数、退台、基础的底标高、顶标高以及防潮层的位置等。如果相差不大，可在大放脚砌筑过程中逐步调整，灰缝可适当加厚或减薄（俗称提灰或刹灰）但要注意在调整中防止砖错层。

3. 排砖摆底

砌筑基础大放脚时，可根据垫层上弹好的基础线按"退台压丁"的方法先进行摆砖摆底。具体方法是，根据基底尺寸边线和已确定的组砌方式及不同的砂浆，用砖在基底的一段长度上干摆一层，摆砖时就考虑竖缝的宽度，并按"退台压丁"的原则进行，上、下皮砖错缝达1/4砖，在转角处用"七分头"来调整搭接，避免立缝重缝。摆完后应经复核无误才能正式砌筑。为了砌筑时有规律可循，必须先在转角处将角盘起，再以两端转角为标准拉准线，并按准线逐皮砌筑。当大放脚返台到实墙后，再按墙的组砌方法砌筑。排砖摆底动作的好坏，将影响到整个基础的砌筑质量，必须严肃认真地做好。大放脚一般采用一顺一丁砌法，上、下皮垂直灰缝相互错开60mm。基础的转角处、交接处为错缝需要应加砌配砖(3/4砖、1/2砖或1/4砖)。在这些交接处，纵横墙要隔皮砌通；大放脚的最下一皮及每层的最上一皮应以丁砌为主。

4. 砌筑

（1）盘角

盘角即在房屋的转角、大角处立皮数杆砌好墙角。每次盘角高度不得超过5皮砖，并需用线锤检查垂直度和用皮数杆检查其标高有无偏差。如有偏差时，应在砌筑大放脚的操作过程中逐皮进行调整（俗称提灰缝或刹灰缝）。在调整中，应防止砖错层，即要避免"螺丝墙"情况，如图1-22所示。

基础大放脚收台阶必须用尺量准尺寸，其中部的砌筑应以大角处准线为依据，不能用目测或砖块比量，以免出现误差。在收台阶完成后的砌基础墙之前，应利用龙门板的"中心钉"拉线检查墙身中心线，并用红铅笔将"中"字画在基础墙侧面，以便随时检查复核。

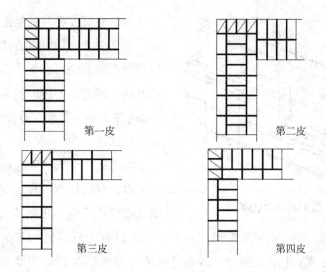

第一皮　　　　　　　　　　第二皮

第三皮　　　　　　　　　　第四皮

图 1-22　转角

（2）挂线

240mm 厚墙在反手挂线，370mm 及以上厚墙应两面挂线。

（3）砌筑要点

①内外墙的砖基础均应同时砌筑。如因特殊原因不能同时砌筑时，应留设斜槎（踏步槎），斜槎长度不应小于斜槎的高度。基础底标高不同时，应由低处砌起，并经常拉线检查，确保墙身位置的准确和每皮砖及灰缝的水平。若有偏差，通过灰缝调整，并由高处向低处搭接；如设计无具体要求时，其搭接长度不应小于大放脚的高度，保持砖基础通顺、平直。

②在基础墙的顶部、首层室内地面（±0.000）以下一皮砖处（−0.006m），应设置防潮层。如设计无具体要求，防潮层宜采用 1∶2.5 的水泥砂浆加适量的防水剂经机械搅拌均匀后铺设，其厚度为 20mm。抗震设防地区的建筑物严禁使用防水卷材做基础墙顶部的水平防潮层。建筑物首层室内地面以下部分的结构为建筑物的基础，但为了施工的方便，砖基础一般均只做到防潮层。

③基础大放脚的最下一层皮砖、每个大放脚台阶的上表层砖，均应采用横放丁砌砖所占比例最多的排砖法砌筑，此时不必考虑外立面上下一顺一丁相间隔的要求，以便增加基础大放脚的抗剪强度。基础防潮层下的顶皮砖也应采用丁砌为主的排砖法，如图 1-23 所示。

④砖基础水平灰缝和竖缝宽度应控制在 8～12mm 之间，水平灰缝的砂浆饱满度用百格网检查不得小于 80%。砖基础超过 300mm 的洞口应设置过梁。

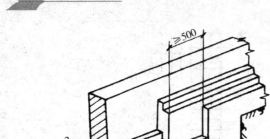

图 1-23 大放脚

⑤基底宽度为两砖半的大放脚转角处、十字交接处的组砌方法和T字形交接处的组砌方法可参照十字接头处的组砌方法，即将图中竖向直通墙基础的一端（例如下端）截断，改用七分头砖作端头砖即可。

⑥基础十字形、T形交接处和转角处组砌的共同特点：穿过交接处的直通墙基础地应采用一皮砌通与一皮从交接处断开相间隔的组砌形式；T形交接处、转角处的非直通墙的基础与交接处也应采用组砌形式；T形交接处、转角处的非直通墙的基础与交接处也应采用一皮搭接与一皮断开相间隔的组砌形式，并在其端头加七分头砖（3/4 砖长，实长应为 177 ~ 178mm），如图 1-24 所示。

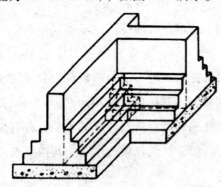

图 1-24 T 形交接

⑦砖基础底标高不同时，应从低处砌起，并应由高处向低处搭砌，当设计无要求时，搭接长度不应小于砖基础大放脚的高度。

⑧砖基础的转角处和交接处应同时砌筑，当不能同时砌筑时应留置斜槎，斜槎长度不小于高度的 2/3，且高度控制在 1.2m 以内。接槎时，应将表面砂浆清理干净，浇水湿润，把槎子用砂浆装严。灰缝平直，咬槎密实。

⑨砌第一层砖时，先在垫层上铺满砂浆，然后再行砌砖。

⑩采用"三一"砌砖法（即一铲灰，一块砖，一挤揉），禁止用水冲浆灌缝。十字及丁字接处必须咬槎砌筑。

5. 防潮层施工

室内地坪 ±0.000 以下 60mm 处设置防潮层，以防止地下水上升。防潮层的做法：一般是铺抹 20mm 厚的防水砂浆，也可浇筑 60mm 厚的细石混凝土防潮层。对防水要求高的，可再在砂浆层上铺油毡，但在抗震设防地区不能用。亦可在砖基础顶面做钢筋混凝土地圈梁，可不再做防潮层。

6. 注意事项

（1）沉降缝两边的基础墙按要求分开砌筑，两侧的墙要垂直，缝的大小上下要一致；不能贴在一起或者搭砌，缝中不得落入砂浆或碎砖，先砌的一边墙应把舌头灰刮清，后砌的一边墙的灰缝应缩进砖口，避免砂浆堵住沉降缝，影响自由沉降。为避免缝内掉入砂浆，可在中间塞上木板，随砌筑随将木板上提。

（2）基础的埋置深度不等高呈踏步状时，砌砖时应先从低处砌起，不允许先砌上面后砌下面，在高低台阶接头处，下面台阶砌长不小于500mm的实砌体，砌到上面后与上面的砖一起退台。

（3）基础预留孔必须在砌筑时留出，位置要准确，不得事后凿基础。

（4）灰缝工饱满，第二次收砌退台时应用稀砂浆灌缝，使立缝密实，以抵御水的侵蚀。

（5）基础砌完后，检查砌体轴线和标高。

（6）在砌筑过程中，要经常对照皮数杆的相应层数，相差值不得超过10mm，随时调整砖缝，不得累积偏差。

（7）保证基础的强度。

（8）过基础的管道，应在管道上部预留出墙的沉淀空。

（9）基础墙砌完，经验收后进行回填，回填时就在墙的两侧同时进行，以免单面填土使基础墙在土压力下变形。

学习任务五　砖基础质量验收与评价

学习目标

通过本单元知识的学习，使学生了解砖基础质量标准的内容，会进行砖基础质量检查和验收。

学习任务

以某工程为案例，进行砖基础施工质量检查和验收工作。

任务分析

通过对工程质量的检查和验收，使学生了解施工过程中质量检查及验收的内容；同时也清楚质量验收时的人员组成。

任务实施

质量标准

1. 一般规定

(1)冻胀环境和条件的地区，地面以下或防潮层以下的砌体不宜采用多孔砖。

(2)砌筑砖砌体时，砖应提前 1～2 天浇水湿润。烧结普通砖含水率宜为 10%～15%，灰砂砖粉煤灰砖含水率宜为 5%～8%（现场检验砖的含水率的简易方法采用断砖法，当砖截面四周融水深度为 15～20mm 时，视为符合要求的适宜含水率）。

(3)采用铺浆法砌筑时，铺浆长度不得超过 750mm；施工期间气温超过 30℃，铺浆长度不得超过 500mm。

(4)砖基础中的洞口、管道、沟槽和预埋件等。宽度超过 300mm 时，应砌筑平拱或设置过梁。

(5)施工时施砌的蒸压（养）砖的产品龄期不应小于 28 天。

(6)竖向灰缝不应出现透明缝、瞎缝和假缝。

(7)临时间断处补砖时，必须将接槎处表面清理干净，喷水湿润，并填实砂浆，保持灰缝平直。

2. 主控项目

(1)砖和砂浆的强度等级必须符合设计要求。

抽检数量：每一生产厂家的砖到现场后，按烧结砖 15 万块、多孔砖 5 万块，灰砂砖及粉煤砖 10 万块各为一验收批，抽检数量为一组，砂浆试块的抽检数量为每一检验批不超过 250m³ 砌体的各种类型及强度等级的砂浆，每台搅拌机应至少抽检一次。

检验方法：查砖和砂浆饱满度不得小于 80%。

抽检数量：每检验批抽查不少于 5 处。

检验方法：用百格网检查砖地面与砂浆的黏结痕迹面积，每处检测 3 块砖，取其平均值。

(2)砖砌体的转角处和交接处应同时砌筑，严禁无可靠措施的内外墙分砌施工。对不能同时砌筑而又必须留置的临时间断处应砌成斜槎，斜槎水平投影长度不应小于高度的 2/3。

抽检数量：每检验批检查 20% 接槎，且不少于 5 处。

检验方法：观察检查。

（3）砖砌体的位置及垂直允许偏差。

3．一般项目

（1）砖砌体组砌方法应正确，上、下错缝，内外搭砌。

抽检数量：外墙身20m抽查一处，每处3～5m，且不应小于3处；内墙按有代表性的自然间抽查10%，且不应少于3间。

检验方法：观察检查。

（2）砖砌体的灰缝应横平竖直，厚薄均匀。水平灰缝厚度宜为10mm，但不应小于8mm，也不应大于12mm。

抽检数量：每步脚手架施工的砌体，每20m抽查一处。

检验方法：用尺量10皮砖砌体高度折算。

4．砌体工程验收文件

（1）施工执行的技术标准。

（2）原材料的合格证书、产品性能检测报告。

（3）混凝土及砂浆配合比通知单。

（4）混凝土及砂浆试块抗压强度试验报告单。

（5）施工记录。

（6）各检验批的主控项目、一般项目验收记录。

（7）施工质量控制资料。

（8）重大技术问题的处理或设计变更的技术文件。

（9）其他必提供的资料。

学习任务六　砖基础质量事故和安全事故 的预防和处理

学习目标

通过本单元知识的学习，使学生了解砌筑工艺常见的质量通病及预防措施，并学会砌体工程结构检测方法以及安全事故的预防和处理。

学习任务

以工程为案例，进行质量事故和安全事故的预防。

任务分析

通过对案例的学习，学生应明白施工过程中质量事故产生的原因；了解施工质量事故的复杂性、严重性、可变性和多发性；学会编写安全文明施工规范。为文明安全施工打好基础。

任务实施

(一)工程质量事故的特点

质量事故是指在建筑工程施工中，凡质量不符合设计要求或使用要求的，超出施工验收范围和质量评定标准所允许的误差范围的，或降低了设计标准的，一般需返工或加固的，都成为工程质量事故。

质量事故可以由设计错误，材料、设备不合格，施工方法或操作过程错误所造成。具有复杂性、严重性、可变性和多发性。

1. 复杂性

由于建筑施工生产的产品(工程)是固定的，而且人员、物资是流动的，产品(工程)形式多样，结构类型不一，露天作业受自然条件影响，材料品种的多样或规格不一，交错施工，工艺要求不同，技术标准不同等特点，影响质量的因素较多，因此造成质量事故的原因也是错综复杂的。

2. 严重性

工程质量事故，轻则要返工影响施工进度、拖延工期，损失人力、物力和资金；重则要加固处理，或留下隐患成为危房，不能安全使用或不能使用；更严重的则造成房屋倒塌、生命财产受到巨大损失，造成极坏的社会影响，所以对工程质量要十分重视，不能掉以轻心。

3. 可变性

可变性是指有些工程质量问题会随时间的变化而出现发展，成为质量事故，如结构上的裂缝、地基的沉降等。

4. 多发性

多发性是指建筑工程中有些质量事故，像"常见病"和"多发病"一样经常发生，而成为所说的质量通病。因此，施工操作中要吸取多发性(通病)的教训，认真总结，加以预防和克服，这是很有必要的。

(二)质量事故的分类

1. 按事故造成的后果分类

(1)未遂事故。即通过自检发现问题，及时自行解决而未造成什么损失的，称未遂事故。

(2)已成事故。凡造成经济损失及不良后果者，则称为事故。

2. 按事故发生的原因分类

(1)指导责任事故。如设计错误、交底错误、操作指导错误等。

(2)操作责任事故。主要操作者不按操作交底、不按图施工等造成的事故。

3. 按事故的性质分类

(1)特别重大事故，是指造成30人以上死亡，或者100人以上重伤，或者1亿元以上直接经济损失的事故。

(2)重大事故，是指造成10人以上30人以下死亡，或者50人以上100人以下重伤，或者5000万元以上1亿元以下直接经济损失的事故。

(3)较大事故，是指造成3人以上10人以下死亡，或者10人以上50人以下重伤，或者1000万元以上5000万元以下直接经济损失的事故。

(4)一般事故，是指造成3人以下死亡，或者10人以下重伤，或者1000万元以下直接经济损失的事故。

(三)砌筑工艺常见的质量通病及预防

1. 砂浆强度不足

(1)一定要按实验室提供的配合比例配置。

(2)一定要准确计量，不能用体积比代替质量比。

(3)要掌握好稠度，测定沙的含水率，不能忽细忽稠。

(4)不能用细的沙来代替和配合比中要求的中粗沙。

(5)砂浆试块要专人制作。

2. 砂浆品种混淆

(1)加强技术交底，明确各部位砌体所用砂浆的不同要求。

(2)从理论上区分石灰和水泥的不同性质。

(3)弄清纯水泥沙浆砌体与混合砂浆砌体的砌体强度。

3. 轴线和墙中心线混淆

(1)加强识图审图。

(2)从理论上弄清图纸上的轴线和实际砌墙时中心线的不同概念。

(3)认真做好施工放线工作和自检及质量验收。

4. 基础标高偏差

（1）加强基础皮数杆的检查，要使 ±0.000 在同一水平面上。

（2）第一皮砖下垫层与皮数杆高度间有误差，应先用细石混凝土找平，使第一皮砖起步时都在同一水平面上。

（3）控制操作的灰缝厚度，一定要对照皮数杆拉线砌筑。

5. 基础防潮层失效

（1）要防止砌筑砂浆当防潮砂浆使用。

（2）基础墙顶抹防潮层前要清理干净，一定要浇水湿润。

（3）防潮层最好在回填土工序之后进行施工，以避免交错施工时损坏。

（4）要防止冬期施工时防潮层受冻而最后失效或碎断。

6. 砖砌体组砌混乱

（1）应使用工人了解的砖砌墙体形式而不仅是为了美观，主要是为了满足传递荷载的需要，因此墙体砖缝搭接不得少于 1/4 砖长，外皮砖最多隔 3 皮砖就应有一层丁砖拉结(三顺一丁)，为了节约，允许使用半砖，但也应满足 1/4 砖长的搭接要求，对于半砖应分散砌在非主要墙体中。

砖柱的组砌，应根据砖柱截面和实际情况通盘考虑，但严禁采用包心砌法。

砖柱墙、竖向灰缝的砂浆必须饱满，每砌完一层砖，都要进行一次竖缝刮浆塞缝工作，以提高砌体强度。

（2）墙体组砌形式选用，应根据所在部位受力性质和砖的规格尺寸误差而定。一般清水墙面常选用满丁满条和梅花丁的组砌方法；砖砌蓄水池应采用三顺一丁的组砌方法；双面清水墙，如工业厂房围护墙、围墙等，可采用"三七缝"组砌方法。由于一般砖长为正偏差、宽为负偏差，采用梅花丁的组砌形式，能使所砌墙的竖缝宽度均匀一致。为了不因砖的规定尺寸误差而经常变动组砌形式，在用一工程中，应尽量使用同一砖厂的砖。

7. 砖体砂浆不饱满，饱满度不合格

（1）改善砂浆的和易性，确保砂浆饱满度。

（2）改进砌筑方法，取消推尺铺灰砌筑，推广"三一"砌筑法，提倡"二三八一"砌筑法。

（3）反对铺灰过长的盲目操作，禁止干砖上墙。

8. 清水墙面游丁走缝

（1）砌清水墙之前应统一摆砖，并对现场砖的尺寸进行试验，以确定组砌方法和调整数缝宽度。

（2）摆砖时应将窗口位置引出，使砖的竖缝尽量与窗口边线相齐；如安排不开，可当移动窗口（一般不大于2cm）。当窗口宽度不符合砖的模数（如1.8m宽）时，应将七头砖留在窗口下部中央，保持窗间墙处上下竖缝不错位。

（3）游丁走缝主要是由于丁砖游动引起，因此在砌筑时必须强调丁压中线，即丁砖的中线与下层的中线重合。

（4）砌大面积清水墙（如山墙）时，在开始砌筑的基层中，沿墙角1m处，用线锤吊一次竖缝的垂直度，以保证至少一步架高度有准确垂直度。

（5）檐墙慢每隔一定距离，在竖缝处弹墨线，墨线用经纬仪或线锤引测。当砌到一定高度（一步架或一层墙）后，将墨线向上引测，作为控制探针至游丁走缝的基准。

9. 砖墙砌体留槎不符合规定

（1）在安排施工操作时，对施工留槎应作统一考虑，外墙大角、纵横承重墙交接处，应尽量做到同步砌筑不留槎，以加强墙体的整体稳定性和刚度。

（2）不能同步砌筑时应按规定留槎或斜槎，但不得留直槎。

（3）留斜槎确实困难时再非承重墙处可留锯齿槎，但应按规定在纵横墙灰缝中预留拉结筋，其数量每半砖不少于1φ6钢筋，沿高度方向间距为500mm，且末端应设弯钩。

10. 水平灰缝厚度不均匀、超厚度

（1）砌筑时必须按皮数杆盘角拉线砌筑。

（2）改进操作方法，不要摊铺放砖的手法，要采用"三一"操作方法中的一揉动作，使每皮砖的水平灰缝厚度一致。

（3）不要用粗细颗粒不一致的"混合沙"拌制砂浆，砂浆和易性要好，不能忽稀忽稠。

（4）勤检查10皮砖的厚度，控制在皮数杆的规定值内。

11. 构造柱处墙体槎不符合规定，抗震筋不按规范要求设置

（1）坚持按规定设置马牙槎，马牙槎沿高度的尺寸不宜超过300mm（即5皮砖）。

（2）设抗震筋时应按规定沿砖墙高度每隔500mm，至少2根φ6钢筋，钢筋每边伸入墙内不宜小于1m。

12. 框架结构中柱边填充墙砌体留槎不符合规定。

（1）分清框架计算中是否考虑侧移受力，查清图样中的节点大样及说明。

（2）设计中若考虑受侧移力作用时，按规定填充墙在柱边应砌马牙槎，并宜先砌墙后浇捣混凝土框架柱梁，并设置抗震钢筋，规格为2φ6，抗震钢筋间

距为沿框架柱高每500mm间隔置放，拉筋伸入墙内长度应满足规格要求（即根据地震设防烈度来确定长度）。

（3）其他情况应设置抗震钢筋，其数量、间距和伸入墙的长度同上条，接槎是否用马牙槎可根据现场实际情况确定。

13. 内隔墙中心线错位

（1）用设置中心桩来控制，不宜用基槽内排尺寸的方法来解决。

（2）各楼层的放线、排尺应坚持在同一侧面。

（3）轴线用一吊锤引或用经纬仪引，轴线应从底层开始，防止累积误差。

14. 墙体产生竖向和横向裂缝

（1）地基处理要按图施工，局部软弱土层一定要加固好，地基处理必须经设计单位及有关部门验收。

（2）凡构件在墙体中产生较大的局部压力处，一定要按图纸规定处理好。

（3）必须保证保温层的厚度和质量，保温层必须按规定分隔，檐口处的保温层分段铺过墙砌体的外边线。

15. 非承重墙或框架中填充墙砌体在先浇梁、后砌墙的情况下墙顶（梁底）砌法不符合要求

（1）在分清是否抗震设防的前提下，应按规定分别处理。

（2）一般情况下墙砌体顶部（梁底）应用斜砖塞紧，斜砖与墙顶及梁底的空隙应用砂浆填实。

（3）在抗震设防烈度较高的地区，应设置可靠的的抗震拉结筋，保证墙顶与梁有可靠的拉结。

（四）质量事故的处理

1. 质量事故的上报

质量事故发生过后，上报要及时、准确、实事求是，不可大事化小、小事化了。通过事故接受教育、吸取教训，避免再发生类似的事故。对重大质量事故，应及时向主管部门报告，并立即采取有效措施，防止事故的扩大。

2. 质量事故的处理

处理前要由施工单位质检部门、技术部门、监理部门和设计单位共同察看、研究、分析、制订方案，并办理规定的审批手续，按照被批准的整改方案认真、及时地处理的过程要做好原始记录，包括文字和图像记录，并归入工程档案。

3. 一般要求

（1）新工人进场前，必须要学习安全生产知识，熟悉安全生产的有关规定，

树立"安全为生产,生产必须安全"的思想,做到严格操作的规程,自觉遵守安全操作规程,在进行高空作业前,要经过体检检查,经医生证明合格者,方可进行作业。

(2)操作前必须检查道路是否畅通,机具是否良好,安全设施防护用品是否齐全,符合要求后才可进行施工。

(3)进入施工现场必须戴安全帽。脚手架未经验收不准使用,已验收的脚手架,不应随意拆改,必须拆改时,应由架子工拆改。

(4)非机电设备操作人员不准擅动机械和接拆机电设备。

(5)施工现场或楼层的坑洞、楼梯间登出,应设置护身栏或防护盖板,并不得任意拆改,沟槽、洞口在夜间应红灯警示。

(五)砌筑安全要求

(1)在基槽边的1m范围内禁止堆料,在架子上每平方米堆料重量不得超过3kg;堆砖不得超过单行侧摆3层,丁头朝外堆放,毛石一般不得超过一层,在同一根排木上不准放两个灰斗。金属架子应按规定的计量荷载,不得超载堆料。

(2)砖应预浇水,但不得在地槽边或架子上大量浇水。

(3)垂直运输所用的吊笼、滑车、绳索、刹车、滚杠等必须牢固无损,满足负荷要求,且要在吊运时不得超载。发现问题,要及时修理。

(4)跨越沟槽运输时,就铺宽度为1.5m以上的马道一个,沟宽如超过1.5m,应由架子工支搭马道。平道两车运距不应小于2m。坡道不小于10m。在砖垛处取出砖要先高后低,防止倒垛砸人。

(5)对运输道路上的零碎材料、杂物要经常清理干净,以免发生事故。

(6)砖、石砌筑要求。

①基槽砌筑前,必须检查基槽。发现槽有塌方危险时,应及时进行加固,或进行清理后才可进行砌筑。

②基础槽宽小于1m的时,应在站人的一侧留有400mm的操作宽度,砌筑深基础时,上、下基槽必须设工作梯或坡道,不能随意攀跳基槽,更不得深砌体或从加固土壁的支撑处上下。

③墙身砌筑高度超过地坪1.2m时,一般应由架子工搭设脚手架。采用脚手架砌墙必须有支搭安全网;采用外脚手架时,应设护身栏和挡脚板。如果利用原有架子做勾缝,应对架子重新进行检查加固。在架子上运砖时,要向墙内一侧运。护身栏不得坐人。正在砌筑的墙顶不准行走。

④不准站在墙顶刮缝、清扫墙面或大角垂直等,也不准站在墙上砌筑。

⑤挂线用的垂线必须用小线绑牢防止下落砸人。

⑥砌筑檐砖时，应先砌丁砖。待后边牢固后再砌第二批出檐砖。过大的毛石要先破开。所有的大锤都要检查锤头及锤柄是否牢固，操作人员要与锤保持一定距离。石料的搬运先检查石块有没有折断的危险。要牢固，放稳。

⑦上、下架子时要走扶梯或马道，不得攀登架子。冬期施工时，架子上如有霜雪，应先清扫干净，方可进行操作。

（7）高处砌筑。操作人员必须经体检合格后，才能进行高空作业，凡有高血压、心脏病或癫痫病的工人，均不能上岗。

①在现场应划定禁区并设置围栏，做出标志，防止闲人进入。

②砌筑高度超过5m时，进料口处必须搭设防护棚，并在进口两侧做垂直封闭，砌筑高度超过4m时，要支搭安全网，对网内落物要及时清理。

③垂直运送料具及练习工作时，必须要有联系信号，由专人指挥。

④遇有恶劣天气或6级以上的大风时，应停止施工，在风雨过后，要及时检查架子，如发现问题，要及时进行处理后才能继续施工。

学习任务七　砖砌大放脚条形基础施工方案的编制

学习目标

通过本单元知识的学习，使学生能够编制砖基础的施工方案；学会根据工程需要，合理选择砖基础的组砌方式。采用正确的构造做法和检验方法。

学习任务

学习带型基础施工方案的编制。

任务分析

学习带型基础施工方案的编制，确定砖基础的组砌方式；根据构造要求确定合理的施工方案，并能对施工成品进行检验。

任务实施

（一）施工方案

1. 砖砌大放脚条形基础组砌形式。

2.砖砌大放脚条形基础施工工艺。

3.砖砌大放脚条形基础砌筑方法。

(二)组砌形式

1."一顺一丁"砌法

"一顺一丁"砌法是一层顺砖与一层丁砖相互间隔砌成。上下层错缝 1/4 砖长。适用于一砖和一砖以上的墙厚。

2."三顺一丁"砌法

"三顺一丁"砌法是三层顺砖与一层丁砖相互间隔砌成。上下层错缝 1/4 砖长。适用于一砖和一砖以上的墙厚。

3."梅花丁"砌法

"梅花丁"砌法是每层中顺砖与丁砖相互间隔砌成。上下层错缝 1/4 砖长。适用于一砖和一砖以上的墙厚。

4."全顺"砌法

"全顺"砌法是全部用顺砖砌筑而成。上下层错缝 1/2 砖长。仅用于砌筑半砖厚的墙体。

5."全丁"砌法

"全丁"砌法是全部用丁砖砌筑而成。上下层错缝 1/4 砖长。仅用于砌筑圆弧形砌体。

(三)砖砌体施工流程

施工流程如图 1-25 所示。

1.抄平

为了使各段砖墙底面标高符合设计要求，砌墙前应在基面(基础防潮层或楼面)上定出各层标高；并采用 M7.5 的水泥砂浆或 C10 的细石砼找平。

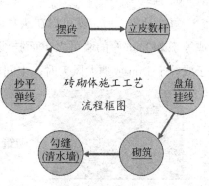

图 1-25　施工流程

2.弹线

根据施工图样要求，弹出墙身轴线、宽度线及预留洞口位置线。

3.摆砖

在放线的基面上按选定的组砌方式用干砖试摆。

摆砖方法：一般在房屋外纵墙方向摆顺砖，在山墙方向摆丁砖；从一个大角摆到另一个大角，砖与砖之间留 10mm 缝隙，如图 1-26 所示。

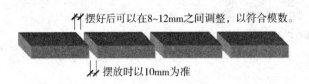

摆好后可以在8~12mm之间调整，以符合模数。

摆放时以10mm为准

图 1-26　摆砖

4. 立皮数杆

立皮数杆是指在其上画有每皮砖和砖缝厚度，以及门窗洞口、过梁、楼板、梁底、预埋件等标高位置的一种木制标杆。皮数杆示意图如图 1-27 所示。

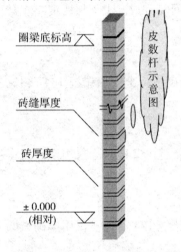

图 1-27　皮数杆示意图

作用：控制砌体竖向尺寸，同时可以保证砌体垂直度。

方法：立于房屋的四大角、内外墙交接处、楼梯间以及洞口多的地方，大约每隔 10 ~ 15m 立一根；其标志 ±0.000 处应与地面或楼面相对 ±0.000 处相吻合。

5. 盘角

先拉通线，按所排的干砖位置把第一皮砖砌好；然后在要求位置安装皮数杆，并按皮数杆标注，开始盘角，盘角时每次不得超过 6 皮砖高，并按"三皮一吊，五皮一靠"的原则随时检查，把砌筑误差消灭在操作过程中。

6. 挂线

每次盘角以后，就可以在头角上挂准线，再按照准线砌中间的墙身；小于或等于 240mm 厚的墙可以单面挂线，大于 370mm 厚的墙应双面挂线；长度大于或等于 15m 或遇大风天时，中间应用丁砖挑出支平。

如空隙在一端悬翘，则读数应除以2；检查清水墙时，楔形尺应卡在砖面上

图 1-28　检查

7. 砌筑

（1）方法："三一"法、挤浆法、满口灰法砌筑。

（2）随时检查，消除误差（三皮一吊，五皮一靠），如图 1-28 所示。

（3）预埋管、件、线、拉接筋等应随砌随埋（水、配合）。

（4）灌缝：下班前应将最上一皮砖的竖缝用

砂浆灌满、刮平，并清除多余灰浆。

（5）弹线：墙身砌到一定高度（一般是一步架高）后，应弹出室内水平控制线，即在墙身砌到一定高度后，应根据基准面标高，用水准仪（也可用连通器）在高出室内地坪标高一定高度（一般 200～500mm）处弹出水平标志线，以控制墙体细部标高及指导楼（地）面、圈梁等的施工。

8. 勾缝（清水墙）

（1）勾缝准备：勾缝前应清除墙面上黏结的砂浆、灰尘、污物等，并洒水湿润；瞎缝应予开凿；缺楞掉角的砖，应用与墙面相同颜色的砂浆修补平整；脚手眼应用与原墙相同的砖补砌严密。

（2）勾缝要求：缝深 4～5mm，横平竖直，深浅一致，搭接平整，不得有瞎缝、丢缝、裂缝和黏结不牢现象，如图 1-29 所示。

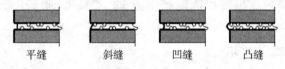

平缝　　斜缝　　凹缝　　凸缝

图 1-29 勾缝

（3）勾缝形式：平缝、凹缝、斜缝、凸缝。

9. 砌筑方法

（1）三一法：一块砖、一铲灰，一揉压，并随手将挤出的砂浆刮去。

（2）挤浆法：用灰勺或大铲将砂浆均匀摊铺一段，然后单手或双手拿砖，将砖挤入砂浆中一定深度。

10. 安全要求

（1）施工人员进入现场必须戴好安全帽。

（2）不准站在墙顶上做画线、刮缝及清扫墙面或检查大角垂直等工作。

（3）砍砖时应面向墙面，工作完毕应将脚手板和砖墙上的碎砖、灰浆清扫干净，防止掉落伤人。

（4）雨天或每日下班时，应做好防雨准备，以防雨水冲走砂浆，致使砌体倒塌。冬期施工时，脚手板上如有冰霜、积雪，应先清除后才能上架操作。

（5）不准徒手移动上墙的砖块，以免压破或擦伤手指。砖块不得往下掷。

11. 施工方案

（1）砌筑形式：一顺一丁。

（2）砌筑工艺：抄平放线→试摆砖→立匹数杆→组砌→勾缝→清理。

（3）砌筑方法："三一"法。

12. 实施

(1)技术交底，如图 1-30 所示。

饱满度
垂直度
检查工具
水平灰缝平直度
平整度
其他检查
游丁走缝

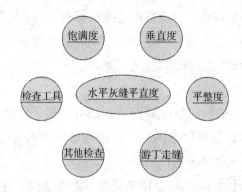

图 1-30　检查

(2)安全交底。每组按照既定施工方案，在工程训练中心完成各自工作任务。

(3)检查及工程资料填写。

①自检；

②互检；

③专检；

④填写相关工程资料。

13. 检查工具

(1)靠尺(鱼尾板、托线板)。

(2)线锤。多用铅制成或铁质镀铬。

(3)直角方尺。用硬木、金属或塑料制成。

(4)楔形尺(塞尺)。斜面上每 10mm 刻度代表尺厚 1mm。

(5)百格网。用细铁丝(现多用透明有机玻璃)制成，大小为 240mm × 115mm，内分 100 个格子，如图 1-31 所示。

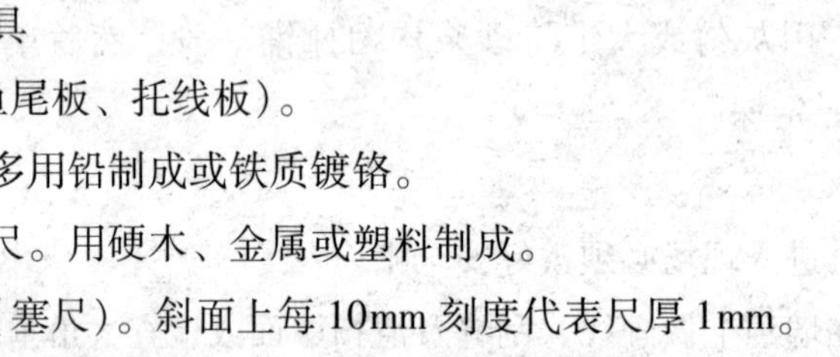

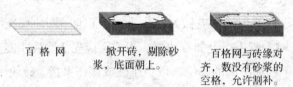

百 格 网
掀开砖，剔除砂浆，底面朝上。
百格网与砖缘对齐，数没有砂浆的空格，允许割补。

图 1-31　百格网

(6)钢卷尺。成品。

(7)小百线。现多作成卷尺状(成品)。

（8）经纬仪。成品。

14. 砂浆饱满度检查

（1）工具：百格网。

（2）方法：用百格网检查砖底面与砂浆的粘结痕迹面积，每处掀 3 块砖检查，取其平均值。

（3）数量：每步架抽查不少于 3 处。

（4）要求：水平灰缝的砂浆饱满度不小于 80%。

15. 垂直度检查

（1）工具：2m 靠尺、线锤。

（2）方法：将线锤挂在靠尺上端小缝内，靠尺的一侧垂直靠在被检查的墙上，尺面略向前倾，使线与尺面分离而能自由摆动，线锤静止后，就可以读数。

（3）要求：偏差不大于 5mm。

16. 墙面平整度检查

（1）工具：2m 靠尺、楔形尺。

（2）方法：先将 2m 靠尺的一侧紧贴墙面，尺身处于倾斜位置，将楔形尺的薄端塞入靠尺与墙面的最大空隙处，读出楔形尺上的厘米数，即为墙面平整度误差的毫米数。

（3）要求：混水墙不大于 8mm，清水墙不大于 5mm。

如墙的长度不足10m,则以其全长检查。

图 1-32 水平灰缝平面度检查

17. 水平灰缝平直度检查

（1）工具：小百线、钢尺。

（2）方法：找一处长度大于 10m 的墙面，用白线拉在任意一层砖的上缘，用钢尺量其白线与砖缘的最大误差处，既为水平灰缝的偏差，如图 1-32 和图 1-33 所示。

（3）要求：混水墙不大于 10mm，清水墙不大于 7mm。

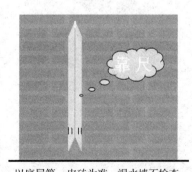

以底层第一皮砖为准，混水墙不检查。

图 1-33 钢尺

18. 游丁走缝检查

（1）工具：2m 靠尺、线锤、钢尺。

（2）方法：将靠尺平贴墙面，尺的一侧先对齐某条竖缝，移动靠尺下端使

若砖墙垂直，线锤则通过靠尺中心；若砖墙不垂直，则可以直接读出偏差

图1-34　游丁走缝检查

线垂与中心线重合，用钢尺量其2m竖缝内的最大偏差处，即为游丁走缝的偏差，如图1-34所示。

（3）要求：清水不大于20mm。

19. 其他检查

（1）水平灰缝厚度。尺量检查。与皮数杆对比10皮砖的总厚度，其差值即为水平灰缝厚度偏差。允许偏差为±8mm。

（2）阴阳角垂直度。直角方尺检查。

（3）上下错缝。观察或尺量检查。清水墙无通缝，混水墙每处（间）4～6皮砖的"通缝"（即上下两皮砖的搭接长度小于25mm者）不超过3处。

（4）接槎。观察或尺量检查。每处接槎部位水平灰缝厚度小于5mm（即"瞎缝"）或透亮（即"透明缝"）的缺陷总和不超过10个。

学习情境二　承重墙的施工

学习目标

能组织房屋建筑承重墙的施工。

技能目标与知识目标

（一）技能目标

1. 承重墙的施工组织
2. 承重墙的质量检查验收
3. 承重墙的安全施工
4. 编制承重墙的施工方案

（二）知识目标

1. 各种材料承重墙的构造
2. 承重墙的工程用料
3. 承重墙的砌筑工艺

学习任务

（一）承重墙的砌筑施工

（二）承重墙墙其他部位的砌筑

（三）墙体砌筑管理和施工方案的编制

学习任务一　承重墙的砌筑施工

学习目标

通过本单元知识的学习，学会合理选择实心砖墙的砌筑方法；学会根据工程需要，安全合理搭设及拆除落地式钢管外脚手架的技能。

学习任务

学习砌筑5m教学楼建筑外墙。

任务分析

学生在学习砌筑教学楼外墙的过程中，首先了解砖在砌体中的摆放位置；其次知道砖墙的各种砌筑方法的特点和适用范围；再次了解落地式钢管外脚手架施工规范。

任务实施

（一）砖砌体的组砖原则

1. 砌体必须错缝

砖砌体是由一块一块的砖，利用砂浆作为填缝和黏结构组砌成墙体柱子。为了使它们能共同作用、均匀受力，保证砌体的整体强度，必须错缝搭接。要求砖块最少应错缝1/4砖长，才符合错缝搭接的要求，如图2-1所示。

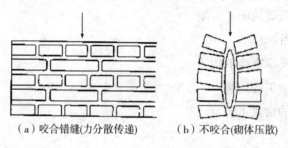

（a）咬合错缝(力分散传递)　　（b）不咬合(砌体压散)

图2-1　砖砌体的错缝

2. 控制水平灰缝厚度

砌体的灰缝一般规定为10mm，最大不超过12mm，最小不得小于8mm，如图2-2所示。水平灰缝如果太厚，不仅使砌体产生过大的压缩变形，还可能使砌体产生滑移，对墙体的黏结整体性产生不利的影响。垂直灰缝俗称头缝，太宽和太窄都会影响砌体的整体性。如果两块砖紧紧挤在一起，没有灰缝(俗称瞎缝)，那就更影响砌体的整体性了。

3. 墙体之间连接

要保证一幢房屋墙体的整体性，墙体与墙体的连接是至关重要的，两道相接的墙体(包括基础墙)最好同时砌筑，如果不能同时砌筑，应在先砌筑的墙上

图 2-2　水平灰缝厚度

留出接槎(俗称留槎)，后砌的墙体要镶入接槎内(俗称咬槎)。砖墙接槎质量的好坏，对整个房屋的稳定性相当重要。正常的接槎，规范规定可采用两种形式：一种是斜槎，又叫"踏步槎"；另一种是直槎，俗称"马牙槎"。凡留直槎时，必须在竖向每隔 500mm 配置直径Φ6 钢筋(每 120mm 墙厚放置一根，120mm 厚墙放两根)作为拉结筋，伸出及埋在墙内各 500mm 长。斜槎的做法如图 2-3 所示，直槎的做法如图 2-4 所示。

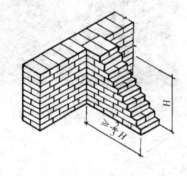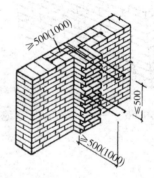

图 2-3　斜槎　　　　　　　　图 2-4　直槎

(二)实心砖墙的砌筑方法

1. 砖在砌体中摆放位置的名称

砖各面的名称前面已讲过。砖砌入墙体后，条面朝向操作者的叫顺砖；丁面朝向操作者的叫丁砖；还有产砖和陡砖等区别，如图 2-5 所示。

2. 实心砖墙的砌筑方法

(1)一顺一顶砌(满条满顶)法。从表面上看，是皮顺砖与一皮丁砖互相交替叠砌而成，各皮砖的内、外竖缝互相搭盖，墙的外表皮砖的竖缝都错开 1/4 砖长。

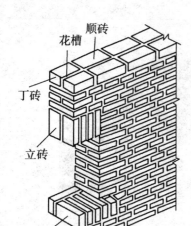

图 2-5　砖在砌体中位置名称

这种砌法各皮间搭接牢固，墙的整体性较好、强度高，操作上变化较小，便于掌握，这种方法经常被采用。

一顺一顶法砌砖墙面有两种形式：一种是顺砖层上下对齐的（称十字缝）；另一种是顺砖层上下错开半砖的（称骑马缝）。它们的排列规则如图 2-6 和图 2-7 所示。

（2）三顺一顶砌法。从立面上看，由三皮顺砖与一皮顶砖相互交替叠砌而成，上下皮顺砖之间搭接 1/2 砖长，顺砖与顶砖之间搭接 1/4 砖长，同时要求檐墙与山墙的顶砖层不在同一皮，以利于顶砖之间搭接如图 2-8 所示。

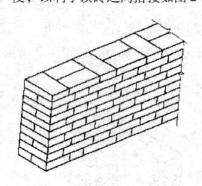

图 2-6　一顺一丁砌法（十字缝）

图 2-7　梅花式砌法（骑马缝）

图 2-8　三顺一顶砌法

这种方法常在砖规格不太一致时，以及砌清水墙时使用，容易使墙面达到平整美观，在转角处可减少打七分头，所以操作快，节约材料。但在墙内三层（五层）砖中间出现连续三皮（五皮）通缝。各皮砖全部用顺砖砌筑，上下两皮间竖缝搭接为 1/2 砖长。

（3）全顺砌法（条砌法）。各皮砖全部用顺砖砌筑，上下两皮间竖缝搭接为 1/2 砖长。此种方法仅用于半砖隔断墙，如图 2-9 所示。

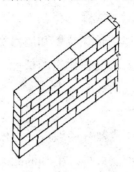

图 2-9　全顺式砌法

（4）顶砌法。各皮砖全部使用顶砖砌筑，上下两皮间竖缝搭接为 1/4 砖长。这种砌法一般多用于砌筑圆形水塔、圆仓、烟囱等，如图 2-10 所示。

（5）梅花丁砌法（沙包式）。在同一层砖内，一块顺砖一块顶砖间隔砌筑，上下皮砖顶顺相压，顶砖必须在顺砖中间，上下两皮间竖缝错开 1/4 砖长。这种砌法整体性较好，因此美观而富于变化，常见于清水墙面。

（6）两平一侧砌法。由两皮顺砖和一旁砌一块侧砖而成，其厚度为 18cm。侧砖和顺砖应正反两面交错放，两皮平砌的顺砖上下层间的竖缝应错开 1/2 砖长，平砌层与侧砌层间竖缝应错开 1/4 或 1/2 砖长，如图 2-11 所示。

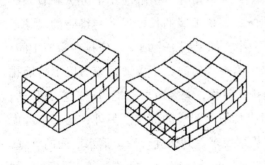

图 2-10　顶切法

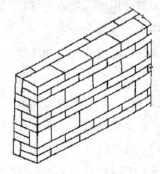

图 2-11　两平一侧砌法

这种砌法一般用于楼房一、二层内隔墙。

（三）实心砖墙的施工顺序

1. 找平并放样

砌筑之前，应将基础防潮层或楼面上的灰土、杂物等清理干净，并用水泥砂浆或豆石混凝土找平，使各砖墙底部标高符合设计要求。找平时，需使上下两层外墙之间不致出现明显的接缝，随后开始弹墙身线。

弹线的方法是，在轴线标钉上拴上白线挂紧，拉出纵横墙的中心线或边线，投到基础顶面上，用墨斗将墙身线弹到墙基上，内部隔墙可自外墙轴线相交处作为起点，用钢尺量出各内墙的轴线位置和墙身宽度；根据图样画出门窗位置线。墙基线弹好后，按图样要求复核建筑的长度、宽度及轴线间尺寸。经复核无误后，即可作为底层墙砌筑的标准。

2. 立皮数杆并检查核对

砌墙前应先立好皮数杆，皮数杆一般应立在墙的转角处、内外墙交界处以及楼梯间突出部位，其间距不应太长，在 15mm 以内为宜。

所在皮数杆应逐个检查是否垂直，标高是否准确，在同一墙上的皮数杆是否在同一平面内。核对所在皮数杆上砖的层数是否一致，每皮厚度是否一致，对照图样核对窗台、门窗过梁、雨篷、楼板等标高位置，核对无误后方可砌砖。

3. 摆底

在砌砖前，要根据以确定的砖墙组砌方式进行排砖摆底，使砖的砌筑符合错缝搭接，要求摆好后可以在 8 ~ 12mm 之间调整，以符合模数。摆放时以 10mm 为准，确定砌筑所需要块数，以保证墙身砌筑竖缝均匀适度，尽可能做到少砍砖。排砖时应根据进场砖的实际长度尺寸的平均值来确定竖缝的大小。排砖时首先放出窗口位置线。清水墙的排砖规律按"山顶檐跑"摆一皮砖，即两山墙排顶砖，前后檐墙（长墙）排条砖。4 个砖角为了错缝应用七分头顺着条砖排列，从两个山墙看第一层砖全是顶砖。如果山墙的长度尺寸与排砖的尺寸不符时，可以调整串动砖块之间立缝的大小，如果剩一个顶头，应排在窗口中间；没有窗口可排在山墙中间。前后檐墙排第一皮砖时，不仅要把窗口以下砖墙排得合理，并注意把窗间墙、左右墙角排砖对称，必要时可以把门窗口左右移动，把需要砍砖的部位布置在门窗口中间或其他不明显的部位。另外，还必须考虑砌至窗平口以后、上部合龙时，砖的排列要求达到错缝合理。清水墙面的立缝，应上下通顺垂直一致，不游丁走缝，并不得随意变动。排砖计算（普通砖）如图 2-12 和图 2-13 所示。

（1）墙面排砖（墙长为 L，一个立缝宽初按 10mm）。

丁行砖数：

$$n = (L + 10)/125$$

条行整砖数：

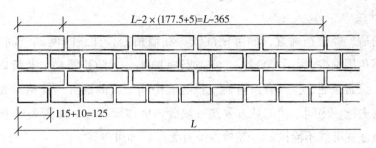

图 2-12　墙面排砖计算

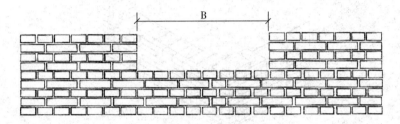

图 2-13　洞宽计算

$$N = (L - 365)/250$$

$$115 + 10 + 115/2 - 5 = 177.5(\text{mm})$$

（2）门窗洞口上下排砖（洞宽 B）。

丁行砖数：

$$n = (B - 10)/125$$

条行整砖数：

$$N = (B - 135)/250$$

（3）计算立缝宽度（应在 8 ~ 12mm 之内）。

4. 盘角

盘角（又称立头角或把大角）时，应选择棱角整齐方正的砖，错缝用"七分头"时要整齐，长短尺寸一致（可在砌前用无尺锯切割出来）。为了做到头角垂直，砌砖时要放平摆正，砌 3 ~ 5 皮砖时，须用水平尺检查高低和平整。检查时，将水平尺一端放在已砌好的砖上，另一端靠在皮数杆的相应层数上，使水平心的气泡居中，如不居中，须调整盘角的高低，并同时用线坠与吊担尺检查校正。

砌大角一定要做到"三层一吊、五层一靠"。砖的两个侧面都应在一个平面上，如果有出入必须及时修理。

5. 挂线

盘角后，经检查垂直，即可把准线挂在墙角处，挂线时两端应固定拴住。同时在墙角用别棍(可用小竹片、木棍或铁钉)别住，防止线勒入灰缝内。准线挂好后，拉紧拉通，检查有没有向上拱起或中间下垂的地方，挂钩时要把高出的障碍物去掉，中间塌腰的地方要垫一块砖，俗称腰线砖，如图2-14所示。垫腰线砖应注意准线不能拱起。经检查平直无误后即可砌砖。

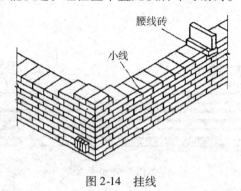

图 2-14　挂线

每砌完一皮砖后，逐皮往上起线。

此外还有一种挂法。不用坠砖而将准线挂在两侧墙的立线上，一般用于砌间墙。

一般一砖厚以下的墙，可以单面挂线，砌一砖半以上的墙，通常把线挂在操作者的一侧，最好采用外手挂线，不仅正面可以照顾，而且反面墙也能砌得平整，灰缝均匀。

挂线虽然是砌墙的依据，但准线有时会受风等因素影响而发生偏离，所以砌墙时要经常检查。

6. 实心砖墙砌筑时注意的要点

(1)砖墙的转角处，每皮砖的外角应加砌七分头砖。当采用一顺一顶砖筑形式时，七分头砖的顺面方向依次砌顺砖，顶面方向依次砌顶砖，顶面方向依次砌顶砖，如图2-15所示。

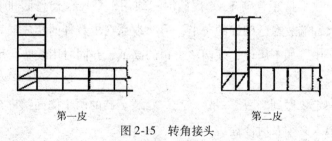

第一皮　　　　　　　　　　　　　　第二皮

图 2-15　转角接头

（2）砖墙的丁字交接处，横墙的端头隔皮加砌七分头砖，纵墙隔皮砌通。当采用一顺一顶砌筑形式时，七分头砖顶面方向依次砌顶砖，如图 2-16 所示。

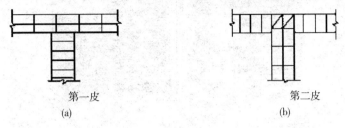

第一皮　　　　　　　　　　　　　　第二皮
(a)　　　　　　　　　　　　　　　　(b)

图 2-16　丁字接头处

（3）砖墙的十字交接处，应隔皮纵横墙砌通，交接处内墙的竖缝应上下错开 1/4 砖长，如图 2-17 所示。

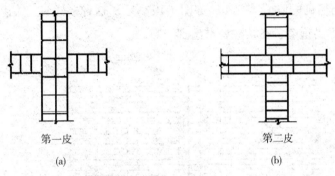

第一皮　　　　　　　　　　　　　　第二皮
(a)　　　　　　　　　　　　　　　　(b)

图 2-17　十字接头处

（4）砖墙的转角和交接有时不能同时砌起，即使一道墙有时也不能同时砌起来，这时就会出现接头（接槎）。为了能使房屋的纵横墙互相连接成为一个整体，不仅单体墙要错缝搭接，而且墙与墙之间的连接也必须做到错缝搭接，按规定留好接头，砌好接缝。

接槎（接头）的形式有以下几种：

（1）斜槎连接。将接槎砌成台阶的形式，其高度一般不大于一步架（1.2 m），其长度应小于高度的 2/3。留槎的砖要平整，槎子侧面要垂直。斜槎的优点是留槎、接头都比较方便，镶砌接头时容易铺灰，灰缝能够饱满，接头质量容易得到保证。但缺点是留接头量大，占工作面多。因其能保证墙体质量留槎应尽量采用这种形式，如图 2-18 所示。

直槎连接。在砌体的临时间断处，有时因条件限制或墙体较短时不留踏步槎时，可留直槎，但必须在两道墙连接处加钢筋拉结，而且在外墙转角处不准

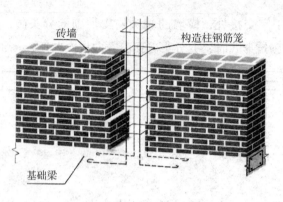

图 2-18　斜槎连接

留直槎。直槎又分马牙槎和老虎槎。带构造柱的墙体应留设马牙槎接口为一出一进，好像马牙状。留槎处应自墙面引出距离不小于 12cm，每隔一皮砖伸外 1/4 砖，以便与后砌的墙衔接咬槎，如图 2-19 所示。这种接槎留置镶砌比较方便。但接槎灰缝不易饱满，在接槎处易出现缝隙。

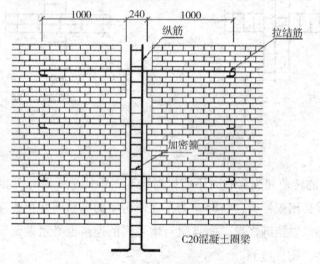

图 2-19　直槎连接

老虎槎接口是砌数皮砖形成踏步槎，然后再向外逐皮伸出形成老虎口状。这种接槎留砌接头时难度较大，但镶砌时灰缝容易饱满，咬砌面积较马牙槎大，质量较马牙槎好。

（2）拉筋连接。当纵横墙不能同时砌筑时，可在墙的交接处沿高度方向每隔 500mm 左右在灰缝中预埋拉结钢筋，使纵横拉结牢固，如图 2-20 所示。

一般在砌筑框架结构的围攻护墙时，为了加强墙体与钢筋混凝土柱的连接，

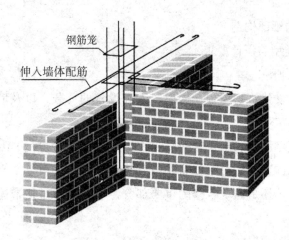

图 2-20　丁字接头处构造柱

在沿柱高度方向每隔500mm左右预埋直径 ϕ6mm钢筋拉结条。在砌筑时,将柱甩出的钢筋嵌入砖墙灰缝中。为了保证接槎质量,无论哪种接槎在镶砌时,接槎处的表面砂浆应清理干净,再浇水湿润并保证灰缝饱满,灰缝平直通顺,使接槎处前后砌体黏接成一个整体。

(3)马牙槎的施工要点

钢筋砼构造柱应遵循"先砌墙、后浇柱"的程序进行。施工程序为:绑扎钢筋→砌砖墙→支模板→浇砼→拆模。

构造柱与墙体连接处的马牙槎,从每层柱脚开始,先退后进,马牙槎沿高度方向不宜超过300mm,齿深60~120mm,沿墙高每500mm设两根直径 ϕ6mm的拉结钢筋。

(4)砖墙构造柱的连接处应砌成马牙槎,每一个马牙槎的高度不宜超过300mm,并沿墙高每隔500mm设置两根直径 ϕ6mm的拉结钢筋,拉结钢筋每边伸入墙内不宜小于1000mm。

(5)马牙槎砌好后,应立即支设模板,模板必须与墙的两侧严密贴紧、支撑牢固,防止模板漏浆。模板底部应留出清理孔,以便清除模板内的杂物,清除后封闭。

(6)浇灌构造柱砼前,应将砌体及模板浇水湿润,利用柱底预留的清理孔清理落地灰、砖渣及其他杂物,清理完后立即封闭洞眼。

(7)浇灌砼前先在结合面处注入适量与砼配比相同的去石水泥砂浆,构造柱砼分段浇灌,每段高度不大于2m,振捣时,严禁振捣器触碰砖墙。

(四)墙体的细部构造

1. 墙体的类型与设计要求

(1)墙体的作用。

①承重:承受建筑物屋顶、楼层、人和设备的荷载,以及墙体自重、风荷载、地震作用等。

②围护:抵御风霜、雨、雪的侵袭,防止太阳辐射和噪声干扰等。

③分隔:墙体可以把房间分隔成若干个小空间或小房间。

④装饰:墙体还是建筑装修的重要部分,墙面装饰对整个建筑物的装饰效果影响很大。

(2)墙体的设计要求。

①具有足够的强度和稳定性;

②满足热工方面(保温、隔热、防止产生凝结水)的要求;

③满足隔声的要求;

④满足防火要求;

⑤满足防潮、防水要求;

⑥满足经济和适应建筑工业化的发展要求。

(3)墙体的类型。

①按所处位置分。

• 外墙(建筑物四周的墙)和内墙(建筑物内部的墙)。

• 纵墙(沿建筑物长轴方向的墙)和横墙(沿短轴方向的墙)。

②按受力不同分。

• 承重墙:直接承受其他构件传来荷载的墙;

• 非承重墙:不承受外来荷载,只承受自重的墙(如隔墙)。

③按所用材料分:砖墙、石墙、土墙、混凝土墙、砌块墙、板材墙等。

④按构造方式分:实体墙、空体墙、组合墙等。

(4)墙体的承重方式。

①横墙承重:楼板支承在横向墙上。这种做法建筑物的横向刚度较强、整体性好,多用于横墙较多的建筑,如住宅、宿舍、办公楼等。

②纵墙承重:楼板支承在纵向墙体。这种做法开间布置灵活,但横向刚度弱,而且承重纵墙上开设门窗洞口有时受到限制,多用于使用上要求有较大空间的建筑,如办公楼、商店、教学楼、阅览室等。

③混合承重:一部分楼板支承在纵向墙上,另一部分楼板支承在横向墙上。

这种做法多用于中间有走廊或一侧有走廊的办公楼，以及开间、进深变化较多的建筑，如幼儿园、医院等。

④内框架承重：房屋内部采用柱、梁组成的内框架承重，四周采用墙承重，由墙和柱共同承受水平承重构件传来的荷载。适用室内需要大空间的建筑，如大型商店、餐厅等，如图 2-21 所示。

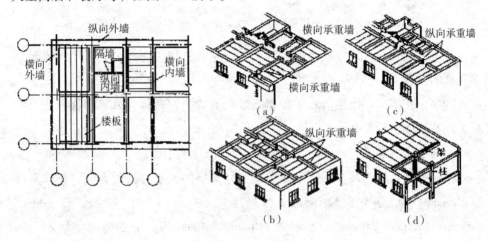

图 2-21　砖墙构造

2. 砖墙构造

(1)黏土多孔砖的类型。

①模数型(M 型)系列(在代号中，"-1"为圆孔，"-2"为方孔)。

模数型系列共有 4 种类型(代号为 DM)：

DM1-1、DM1-2(190×240×90)、DM2-1、DM2-2(190×190×90)、DM3-1、DM3-2(190×140×90)、DM4-1、DM4-2(190×90×90)(单位均为 mm)。

上述砖体为主规格砖，还有配砖，规格为 DMP(190×90×40)，以使墙体符合模数的要求。

②KP1 型系列。KP1 型多孔砖的代号为 KP1-1、KP1-2、KP1-3，尺寸为 240mm×115mm×90mm。其配砖代号为 KP1-P，尺寸为 180mm×115mm×90mm，如图 2-22 所示。

(2)黏土多孔砖墙体的砌合方式。

①一顺一丁式：一层砌顺砖、一层砌丁砖，相间排列，重复组合。在转角部位要加设配砖(俗称七分砖)进行错缝。这种砌法的特点是搭接好，无通缝，整体性强，因而应用较广。

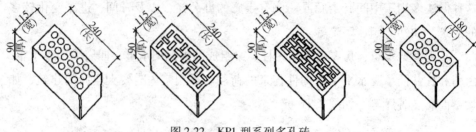

图 2-22　KP1 型系列多孔砖

②全顺式：每皮均以顺砖组砌，上下皮左右搭接为半砖。它适用于模数型多孔砖的砌合。

③顺丁相间式：由顺砖和丁砖相间铺砌而成。它整体性好且墙面美观，亦称为梅花丁式砌法。

3. 模数型多孔砖

模数型多孔砖模数多孔砖砌体用没型号规格的砖组合搭配砌筑，砌体高度以 100mm（1M）进级，墙体厚度和长度以 50mm（1/2M）进级，即 90mm、140mm、190mm、240mm、290mm、340mm、390mm 等。个别边角空缺不足整砖的部位用砍配砖或锯切口 DM3、DM4 填补。排砖的挑出长度不大于 50mm。KP1 型多孔砖的砌体高度以 100mm（1M）进级，墙体厚度有 120mm、240mm、360mm、490mm。墙体灰缝厚度 10mm，砖的规格形成长：宽：厚 = 4:2:1 的关系。在 1m 长的砌体中有 4 个砖长、8 个砖宽。砌体的平面尺寸以半砖长（120mm）进级。三模制（3M）轴线定位，内墙厚为 240mm 时，轴线居中；外墙厚 360mm 时，轴线内侧 120mm，外侧 240mm。模数多孔砖的平面设计：三模制（3M）轴线定位，6 层住宅内墙厚 240mm，用 DMI 砌筑，轴线居中；外墙厚 340mm，用 DMl + DM4 组砌，轴线内侧 120mm，外侧 220mm。隔墙厚 90mm，用 DM4 砌筑。

模数多孔砖的竖向设计：建筑层高以 100mm 进级，首皮砖从 ±0.000 及各楼层楼地面标高开始。

4. 砖墙的细部构造

（1）勒脚。

• 定义：建筑物四周与室外地面接近的那部分墙体。

• 作用：防止机械碰撞；防潮防水；增加建筑美观。

• 加固做法：石块砌筑、勒脚防水抹灰、石板贴面。

（2）墙身防潮层。

①水平防潮层。在建筑地层附近一定部位的墙体中设置的水平通长的防潮层。

● 做法：油毡防潮层，耐久年限短，不利于抗震。

● 砂浆防潮层：适于抗震区、独立砖柱砌体，不适于地基会产生变形的建筑。

● 配筋细石混凝土防潮层：抗裂性好，适于整体刚度要求较高的建筑。

②垂直防潮层：当相邻室内地面存在高差或室内地层低于室外地面时，对高差部分的垂直墙面作防潮处理。

做法：在需设垂直防潮层的墙面（靠回填土一侧）先用1∶2的水泥砂浆抹面15~20mm厚，再刷冷底子油一道，刷热沥青两道；也可以直接采用掺有3%~5%防水剂的砂浆抹面15~20mm厚的做法。

③水平防潮层位置。通常在 −0.060m 标高处设置，而且至少要高于室外地坪150mm，以防雨水溅湿墙身。

当地面垫层为透水材料（如碎石、炉渣等）时，水平防潮层的位置应平齐或高于室内地面一皮砖的地方，即在 +0.060m 处。

当两相邻房间之间室内地面有高差时，应在墙身内设置高低两道水平防潮层，并在靠土壤一侧设置垂直防潮层，将两道水平防潮层连接起来，以避免回填土中的潮气侵入墙身。

（3）踢脚。

①定义：踢脚外墙内侧或内墙两侧的下部和室内地面与墙交接处的构造。

②作用：加固并保护内墙脚，遮盖墙面与楼地面的接缝，防止此处渗漏水、使用时污染墙面。

③做法：踢脚的高度一般在120~150mm，有时为了突出墙面效果或防潮，也可将其延伸至900~1800mm（这时即成为墙裙）。常用的面层材料是水泥砂浆、水磨石、木材、缸砖、油漆等，但设计施工时应尽量选用与地面材料相一致的面层材料。

（4）散水。

①定义：散水是靠近勒脚下部的排水坡。

②作用：为了迅速排除从屋檐下滴的雨水，防止因积水渗入地基而造成建筑物的下沉。

③做法：散水的宽度一般为600~1000mm，当屋面为自由落水时，其宽度应比屋檐挑出宽度大200mm。坡度在3%~5%左右，外缘高出室外地坪20~

50mm 较好。散水的做法很多，一般可用水泥砂浆、混凝土、砖块、石块等材料做面层。由于建筑物的沉降、勒脚与散水施工时间的差异，在勒脚与散水交接处应留有缝隙，在缝内填粗砂或米石子，上嵌沥青胶盖缝，以防渗水和保证沉降的需要，如图 2-23 所示。

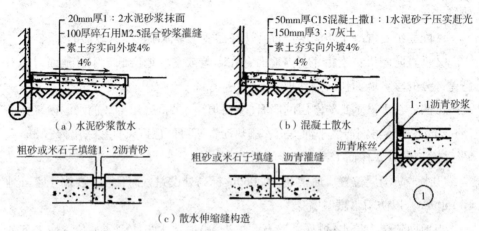

（a）水泥砂浆散水　（b）混凝土散水

（c）散水伸缩缝构造

图 2-23　散水做法

（5）窗台。

①定义：窗洞下部的排水构件，目的是导水和装饰作用。

②分类：外窗台、内窗台。

• 不悬挑窗台：外墙饰面为面砖、马赛克等易于冲洗的材料时可采用。

• 悬挑窗台：一般向外挑出 60mm，表面用水泥砂浆抹出坡度和滴水——一挑二斜三滴水。

• 外窗台构造：外窗台应设置排水构造。外窗台应有不透水的面层，并向外形成不小于 20% 的坡度，以利于排水。

外窗台有悬挑窗台和不悬挑窗台两种。对处于阳台等处的窗因不受雨水冲刷或外墙面为贴面砖时，可不必设悬挑窗台。悬挑窗台常采用丁砌一皮砖出挑 60mm 或将一砖侧砌并出挑 60mm，也可采用钢筋混凝土窗台。悬挑窗台底部边缘处抹灰时应做宽度和深度均不小于 10mm 的滴水线、滴水槽或滴水斜面（俗称鹰嘴）。

• 内窗台构造：内窗台一般为水平放置，起着排除窗台内侧冷凝水，保护该处墙面以及搁物、装饰等作用。

通常结合室内装修要求做成水泥砂浆抹灰、木板或贴面砖等多种饰面形式。使用木窗台板时，一般窗台板两端应伸出窗台线少许，并挑出墙面 30 ~ 40mm，板厚约30mm。

在寒冷地区，采暖房间的内窗台常与暖气罩结合在一起综合考虑，并在窗台下预留凹龛以便于安装暖气片。此时应采用预制水磨石板或预制钢筋混凝土窗台板形成内窗台。

（6）门窗过梁。

①定义：门窗洞口上方的承重横梁。

②常见做法：砖砌过梁、钢筋砖过梁、钢筋混凝土过梁。

砖砌过梁：由普通砖侧砌或立砌且高度不小于一皮砖；灰缝应上宽下窄（大于5mm、小于15mm），适于洞口宽度不超过1.8m，上部无集中荷载或振动荷载的情况。

钢筋砖过梁：在砖缝内或洞口上部的砂浆层内配置钢筋的平砌砖过梁。适于洞口宽度不超过2m、上部无集中荷载或振动荷载的清水砖墙。

钢筋混凝土过梁：可现浇也可预制，宽度一般同墙厚，高度与砖的皮数相适应且不小于120mm，过梁伸入两侧墙内不少于240mm；适于洞口上部有集中荷载、振动荷载或可能产生不均匀沉降的建筑物，如图2-24所示。

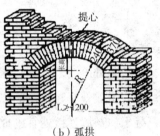

（a）平拱　　　（b）弧拱

图2-24　过梁

（7）圈梁。

①定义：沿建筑物外墙、内纵墙和部分内横墙设置的连续封闭的梁。

②作用：增强房屋的空间刚度和稳定性，防止由于地基不均匀沉降、振动荷载等引起的墙体开裂，提高建筑物的抗震性能，如图2-25所示。

③构造要点：宜设在楼板标高处，尽量与楼板结构连成整体，也可设在门窗洞口上部，兼作过梁；如被洞口切断无法封闭时，应在洞口上部设置截面不小于圈梁的附加梁，附加梁与墙的搭接长度 L 应大于与圈梁之间的垂直间距 h 的2倍，且不小于1m。

宽度一般同墙厚，当墙厚超过240mm时，钢筋混凝土圈梁应不小于 $2h/3$，圈梁高度不小于120mm，一般采用180mm。

钢筋混凝土圈梁在墙身上的数量应根据房屋的层高、层数、墙厚、地基条件、地震等因素来综合考虑。

（8）构造柱。

①作用：从竖向加强墙体的连接，与圈梁一起构成空间骨架，提高了建筑物的整体刚度和墙体的延性，约束墙体裂缝的开展，从而增加建筑物承受地震的能力，如图2-26所示。

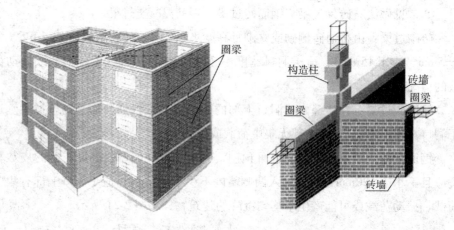

图2-25　过梁圈梁的设置　　　　图2-26　构造柱与圈梁的连续

②构造要点：一般与在墙体的某些转角部位（建筑物四角、纵横墙相交处、楼梯转角处等）设置。

应贯通整个建筑物高度，与圈梁、地梁浇成一体。施工时，先砌墙、后浇混凝土，与墙连接处宜砌成马牙槎，并沿墙高每隔500mm设2ϕ6拉结钢筋，每边伸入墙内不少于1000mm。

最小截面尺寸为240mm×180mm，当采用黏土多孔砖时，最小构造柱的最小截面尺寸为240mm×240mm。最小配筋量是：纵向钢筋4ϕ12，箍筋ϕ6@200～250。构造柱下端应锚固在钢筋混凝土基础或基础梁内，无基础梁时应伸入底层地坪下500mm处，上端应锚固在顶层圈梁或女儿墙压顶内，以增强其稳定性。

（9）变形缝。

定义：为减少对建筑物的损坏，预先在建筑物变形敏感的部位将建筑结构断开，以保证建筑物有足够的变形宽度，使其免遭破坏而事先预留的垂直分割的人工缝隙称之为变形缝。

类型：伸缩缝、沉降缝和防震缝。

①伸缩缝：是为防止建筑物受温度变化而引起变形，产生裂缝而设置，又叫温度缝。

伸缩缝的宽度，一般为 20~30mm。因墙厚不同，墙身变形缝可做成平缝、错缝或企口缝等形式。为防止雨雪等对室内的渗透，外墙缝内应填塞可以防水、防腐蚀的弹性材料，如沥青麻丝、塑料条、橡胶条、金属调节片等。对内墙和外墙内侧的伸缩缝，从室内美观的角度考虑，通常以装饰性木板或金属调节板遮盖，木盖板一边固定在墙上，另一边悬空，以便适应伸缩变形的需要。伸缩缝处理，如图 2-27 所示。

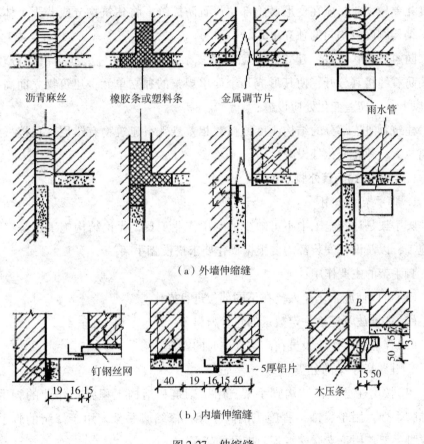

（a）外墙伸缩缝

（b）内墙伸缩缝

图 2-27　伸缩缝

②沉降缝：当建筑物由于各部位可能因地基不均匀沉降而引起结构变形破坏时，应考虑设置沉降缝，将建筑物划分成若干个可以自由沉降的独立单元。

设置沉降缝是为了适应建筑物各部分不均匀沉降在竖直方向上的自由变形，因此建筑物从基础到屋顶都要断开，沉降缝两侧应各有基础和墙体，以满足沉降和伸缩的双重需要。沉降缝的宽度与地基性质及建筑物的高度有关，一般为 30~70mm，在软弱地基上的建筑物，其缝宽应适当增大，沉降缝的盖缝处理与伸缩缝基本相同。

沉降缝设置条件：平面形状复杂的建筑物转角处，过长建筑物的适当部位；地基不均匀，难以保证建筑物各部分沉降量一致；同一建筑物相邻部分高度或荷载相差很大，或结构形式不同；建筑物的基础类型不同，以及分期建造房屋的毗连处。

③防震缝：在抗震设防烈度 7°~9°的地区，当建筑物体型复杂，结构刚度、高度相差较大时，应在变形敏感部位设置防震缝，将建筑物分成若干个体型简单、结构刚度较均匀的独立单元。

防震缝设置条件：建筑物平面体型复杂，凹角长度过大或突出部分较多，应用防震缝将其分开，使其形成几个简单规整的独立单元；建筑物立面高差在 6m 以上，在高差变化处应设缝；

建筑物毗连部分的结构刚度或荷载相差悬殊；建筑物有错层，且楼板错开距离较大，须在变化处设缝。

（五）落地式钢管外脚手架

1. 脚手架的作用

脚手架是建筑施工中不可缺少的空中作业工具，无论结构施工还是室外装饰施工，以及设备安装都需要根据操作要求搭设脚手架。

脚手架的主要作用：

(1) 可以使施工作业人员在不同部位进行操作。

(2) 能堆放及运输一定数量的建筑材料。

(3) 保证施工作业人员在高空操作时的安全。

2. 建筑脚手架的分类

(1) 按用途分类：结构脚手架，用于砌筑和结构工程施工作业的脚手架；装饰脚手架，用于装饰工程施工的脚手架；修缮脚手架，用于修缮的脚手架；支撑脚手架，用于支撑模板等而搭设的架子。

(2) 按搭设位置分类。封圈型外脚手架，沿建筑物周边交圈设置的脚手架；开口型脚手架，沿建筑物周边非交圈设置的脚手架；外脚手架，搭设在建筑物外围的架子；里脚手架，搭设在建筑物内部楼层上的架子。

3. 搭设建筑脚手架的基本要求

无论哪一种脚手架，必须满足以下基本要求。

(1)坚固而确保安全。脚手架要有足够的强度、刚度和稳定性,施工期间在规定的天气条件和允许荷载的作用下,脚手架应稳定不倾斜,不摇晃、不倒塌,确保安全。

(2)满足使用要求。脚手架要有足够的作业面(比如适当的宽度、步架高度、离墙距离等),以保证施工人员操作、材料堆放和运输的需要。

(3)易搭设。脚手架的构造要简单,便于搭设和拆除,脚手架材料能多次周转使用。

4. 建筑脚手架的使用现状和发展趋势

我国幅员辽阔,各地建筑业的发展存在差异,脚手架的发展也各异。

(1)扣件式钢管脚手架,自20世纪60年代在我国推广使用以来,普及迅速,是目前大、中城市中使用的主要品种。

(2)传统的竹、木脚手架随着钢脚手架的推广应用,在一些大中城市已较少使用,但是一些建筑发展较缓慢的中小城市和村镇仍在继续使用。

(3)自20世纪80年代以来,高层建筑和超高层建筑有了较大发展,为了满足这类施工的需要,多功能脚手架,如门式钢管脚手架、碗扣式钢管脚手架、悬挑式脚手架、导轨式爬架等相继在工程中应用,深受施工企业的欢迎。此外,为适应通用施工的需要,一些建筑施工企业也从国外引进或自行研制了一些通用定型的脚手架,如吊篮、挂脚手架、桥式脚手架、挑架等。

5. 脚手架的发展趋势。随着国民经济的迅速发展,建筑业被列为国家的支柱产业之一。建筑业的兴旺发达,建筑脚手架的发展趋势将体现在以下几个方面。

(1)金属脚手架必将取代竹、木脚手架。传统的竹、木脚手架其材料质量不易控制,搭设构造要求难以严格掌握,技术落后、材料损耗量大。使用和管理上不方便,最终将被金属脚手架所取代。

(2)为适应现代建筑施工,减轻劳动强度,节约材料,提高经济效益,适用性强的多功能脚手架将取代传统型的脚手架且要定型系列化。

(3)高层和超高层施工中脚手架的用量大,技术复杂,要求脚手架的设计、搭设、安装等都须规范化,而脚手架的杆(构)配件应由专业工厂生产供应。

6. 脚手架搭设的安全技术要求

脚手架的搭设和使用,必须严格执行有关的安全技术规范。

(1)搭拆脚手架必须由专业架子工担任,并应按现行国家标准 GB 5306—85《特种作业人员安全技术考核管理规则》考核合格,持证上岗。上岗人员应定期进行体检,凡不适合高处作业者不得上脚手架操作。

（2）搭拆脚手架时，操作人员必须戴安全帽、系安全带、穿防滑鞋。

（3）脚手架在搭设前，必须制订施工方案和进行安全技术交底。对于高大异形的脚手架，应报上级审批后才能搭设。

（4）未搭设完的脚手架，非架子工一律不准上架。脚手架搭设完后，由施工负责人及技术、安全等有关人员共同验收合格后方可使用。

（5）作业层上的施工荷载应符合设计要求，不得超载。不得在脚手架上集中堆放模板、钢筋等物件，严禁在脚手架上拉缆风绳，固定、架设模板支架及混凝土泵送管等，严禁悬挂起重设备。

（6）不得在脚手架基础及邻近处进行挖掘作业。

（7）临街搭设的脚手架外侧应有防护措施，以防坠物伤人。

（8）搭设脚手架时，地面应设围栏和警戒标志，并派专人看守，严禁非操作人员入内。

（9）六级及六级以上大风和雨、雪、雾天气不得进行脚手架搭设作业。

（10）在脚手架使用过程中，应定期对脚手架及其地基基础进行检查和维护，特别是下列情况下，必须进行检查：

①作业层上施工加荷载前。

②遇六级及以上大风和大雨后。

③寒冷地区开冻后。

④停用时间超过一个月。

如发现倾斜、下沉、松扣、崩扣等现象要及时修理。

（11）工地临时用电线路架设及脚手架的接地、避雷措施、脚手架与架空输电线路的安全距离等应按现行行业标准 JGJ 46—2005《施工现场临时用电安全技术规范》的有关规定执行。钢管脚手架上安装照明灯时，电线不得接触脚手架，并要做绝缘处理。

（六）落地式钢管外脚手架搭设

落地式外脚手架是指从地面搭设的脚手架，随建筑结构的施工进度而逐层增高。落地钢管脚手架是应用最广泛的脚手架之一。

落地式钢管外脚手架分普通脚手架和高层建筑脚手架：普通脚手架是指 10 层以下、高度在 30m 以内建筑物施工搭设的脚手架；高层建筑脚手架是指 10 层及 10 层以上、高度超过 30m 小于 100m 以内的建筑物施工搭设的脚手架。

落地式钢管外脚手架搭设分封圈型和开口型：封圈型脚手架是指沿建筑物周边交圈搭设的脚手架。开口型脚手架是指沿建筑物周边没有交圈搭设的脚手架。

落地式钢管外脚手架的优点：①架子稳定，作业条件好；②既可用结构施工，又可用于装修工程施工；③便于做好安全围护。

落地式钢管外脚手架的缺点：①材料用量大，周转慢；②搭设高度受限制；③较费人工。

我国目前主要用扣件式钢管脚手架和碗扣（承插）式钢管脚手架，其中扣件式钢管脚手架应用最为普遍。

扣件式钢管脚手架由钢管和扣件组成（图2-28），这种脚手架的特点是加工简便，装拆灵活，搬运方便，通用性强，但施工工效不高，安全保证性一般。

扣件式钢管脚手架可搭脚手架，也可搭模板支撑架等，应用十分广泛。扣件式钢管脚手架，

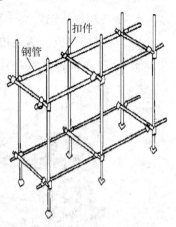

图2-28 扣件式钢管脚手架

落地搭设时，搭设高度一般为33m，最大不超过50m。在高层建筑施工中，采用扣件式钢管脚手架作外脚手架时，其施工方法主要有两种。

1. 悬挑式脚手架

这种脚手架是将脚手架分段悬挑搭设，即每隔一定高度，在建筑物四周水平布置支承架，脚手架自重和施工荷载由悬挑的支承架承担。支承架可以采用钢梁、型钢或钢管。

2. 悬吊式脚手架

这种脚手架是将落地式脚手架采用分段卸荷的办法，即每5层楼一道吊件，吊件的上端吊在建筑物预埋的吊环上，下端吊在立杆与大、小横杆的交点处，通过吊杆将吊点以上的脚手架自重和施工荷载分段传至建筑物。

采用以上两种施工方法，可以搭设100m左右的外脚手架。但是，这种脚手架材料好用，劳动强度大，施工工效低，并不是理想的方法。

碗扣承插式钢管脚手架，由立杆、横杆、斜杆组成（图2-29），在立杆上焊接插座、横杆和斜杆上焊接插头，即可拼装成各种尺寸的脚手板或模板支撑架。

这种脚手架的特点是装拆效率高，使用寿命

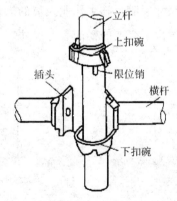

图2-29 碗扣承插式

长，结构强度高，不用扣件和螺栓等零散件，不易丢失，使用安全可靠等，在欧洲各国应用较为普遍，在我国正在大量推广应用。

3. 落地扣件式钢管脚手架的构造

（1）构造和组成。落地扣件式钢管脚手架，由立杆、纵向水平杆（大横杆）、横向水平杆（小横杆）、剪刀撑、横向斜撑、连墙件等组成（图2-30）。

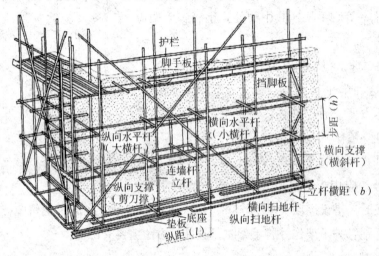

图2-30　落地扣件式钢管脚手架构造图

（2）落地扣件式钢管脚手架的主要尺寸。落地扣件式钢管脚手架搭设有双排和单排两种形式：双排脚手架有内，外两排立杆；单排脚手架只有一排立杆，横向水平杆有一端插置在墙体上。

落地扣件式钢管脚手架中主要尺寸有以下几种。

（1）立杆横距 l。在选定脚手架的立杆横距时，应考虑脚手架作业面的横向尺寸要满足施工作业人员的操作、施工材料的临时堆放及运输等要求，图2-31给出了必要的横向参考尺寸。

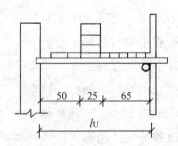

图2-31　单排脚手架立杆横距

表2-1列出了脚手架在不考虑行走小车情况下立杆横距及其他一些横向参考尺寸。

表2-1　脚手架的立杆横距等横向参考尺寸

尺寸类型	结构施工脚手架	装修施工脚手架
双排脚手架立杆横距	1.05～1.55m	0.80～1.55m
单排脚手架立杆横距	1.45～1.80m	1.15～1.40m
横向水平杆里端距墙面距离	100～150m	150～200m
双排脚手架里立杆据墙体(结构面)的距离	350～500m	350～500m

①结构施工脚手架因材料堆放及运输量大，其立杆横距应比装修脚手架的立杆横距大。

②装修施工(如墙面装饰施工)比结构施工需要有更宽一些的操作空间，所以装修施工脚手架的横向水平立杆里端距墙面的距离a比结构施工脚手架的要大。

③为了保证施工作业人员有足够的活动空间，双排脚手架里立杆距墙体结构面的距离宜为350～500mm。

(2)脚手架立杆跨距Z。不论单排还是双排脚手架，不论结构脚手架还是装修脚手架，立杆距一般取1～2m，最大不要超过2m，见表2-2。

表2-2　脚手架高度及间距

脚手架高度H	脚手架立杆的纵向间距l_0
<30	1.8～2.0
30～40	1.4～1.8
40～50	1.2～1.6

(3)脚手架步距h考虑到地面施工人员在穿越脚手架时能安全顺利通过，脚手架底层步距应大些，一般为离地面1.6～1.8m，最大不超过2m。

不同的施工操作内容(如砌筑、粉刷、贴面砖等)，其操作需要的空间高度也不同。为了便于施工操作，对脚手架的步距会有限制，否则步距超过一定高度时工作人员将会无法操作。除底层外，脚手架其他层的步距一般为1.2～1.6m，结构施工脚手架的最大步距不超过16mm，装修施工脚手架的最大步距不超过18mm。

(4)脚手架的搭设高度H脚手架的搭设高度因脚手架的类型、形式及搭设方式的不同而不一样。落地扣件式钢管单排脚手架的搭设高度一般不超过24m，双排脚手架的搭设高度一般不超过50m。

当脚手架高度超过50m时，钢管脚手架则采用如下加强措施：

①脚手架下部采用双立杆(高度不得低于5~6m)，上部采用单立杆(高度应小于350mm)(图2-32)。

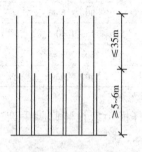

图2-32 下部双立杆布置

②分段组架布置，将脚手架下段立杆的跨距减半。上段立杆跨距较大部分的高度应小于35m。

2. 脚手架搭设的施工准备

(1)施工技术交底。工程的技术负责人应按工程的施工组织设计和脚手架施工方案的有关要求，向施工人员进行技术交底。通过技术交底，应了解以下主要内容。

①工程概况，待建工程的面积、层数、建筑物总高度、建筑结构类型等。

②选用的脚手架类型、形式，脚手架的搭设高度、宽度、步距、跨距及连墙杆的布置等。

③施工现场的地基处理情况。

④根据工程综合进度计划，了解脚手架施工的方案和安排、工序的搭设、工种的配合等情况。

⑤明确脚手架的质量标准、要求及安全技术措施。

(2)脚手架的地基处理。落地脚手架须有稳定的基础支承，以免发生过量沉降，特别是不均匀的沉降，引起脚手架倒塌。对脚手架的地基要求包括以下两点。

①地基应平整夯实。

②有可靠的排水措施，防止积水浸泡地基。

(3)脚手架的放线定位、垫块的放置。根据脚手架立柱的位置，进行放线。脚手架的立柱不能直接立在地面上，立柱下应加设底座或垫块，具体做法如下：

①普通脚手架。垫块宜采用长2.0~2.5m，宽不小于200mm，厚50~60mm的木板，垂直或平行于墙横放置，在外侧挖一浅排水沟。

②高层建筑脚手架。在地基上加铺塘渣、混凝土预制块，其上沿纵向铺放槽钢将脚手架立杆底座置于槽钢上。采用木材支承立柱底座(图2-33)。

3. 扣件式钢管脚手架及配件的进场验收

扣件式钢管脚手架的杆、配件主要包括钢管杆件、底座、扣件、脚手板和安全网等。

（1）钢管杆件。扣件式钢管脚手架中的杆件，应采用外径为 48mm、壁厚为 3.5mm 的 3 号焊接钢管。对搭设脚手架的钢管要求：

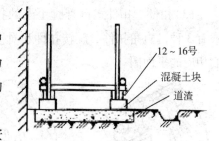

图 2-33　高层脚手架基底

①为便于脚手架的搭拆，确保施工安全和运转方便，每根钢管的重量应控制在 25kg 之内；横向水平杆所用钢管的最大长度不得超过 2.2m，一般为 1.8～2.2m；其他杆件所用钢管的最大长度不得超过 6.5m，一般为 4～6.5m。

②搭设脚手架的钢管，必须进行防锈处理。对新购进的钢管先进行除锈，钢管内壁涂两道防锈漆，外壁刷涂防锈漆一道、面漆两道。对旧钢管的锈蚀检查每年一次。检查时，在锈蚀严重的钢管中抽取 3 根，在每根钢管的锈蚀严重部位横向截断取样检查。经检验合格的钢管，应进行除锈，并刷防锈漆和面漆，不合格的严禁使用。

③严禁在钢管上打孔。

（2）底座。可锻铸铁制造的标准底座如图 2-34 所示，其材质和加工质量要求与可锻铸铁扣件相同。

焊接底座的构造尺寸如图 2-35 所示，底座采用 Q235A 钢，焊条应采用 E43 型。

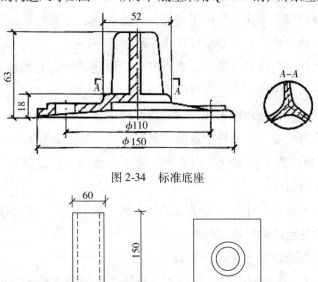

图 2-34　标准底座

图 2-35　焊接底座

（3）扣件。扣件式钢管脚手架的扣件用于钢管杆件之间的连接，其基本形式有 3 种：直角扣件、旋转扣件和对接扣件，如图 2-36 所示。图 2-37 分别是它们相应的平面图。

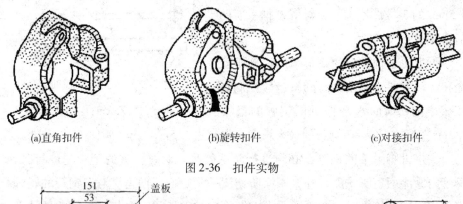

(a)直角扣件　　　　　　　(b)旋转扣件　　　　　　　(c)对接扣件

图 2-36　扣件实物

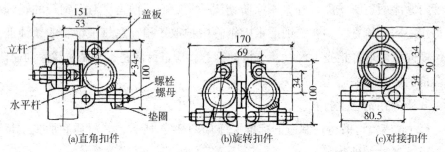

(a)直角扣件　　　　　　　(b)旋转扣件　　　　　　　(c)对接扣件

图 2-37　扣件平面图

扣件式钢管脚手架应采用可锻铸铁制作的扣件，可锻铸铁扣件已有国家产品标准专业检测单位，其产品质量较易控制和管理。

旧扣件在使用前应进行质量检查，并进行防锈处理。有裂缝、变形的严禁使用，出现滑丝的螺栓必须进行更换。

现行规范不推荐使用钢板压制的扣件，原因是这种扣件目前尚无国家产品标准，难以检查验收，而扣件中盖板易产生变形，重复使用次数比较少。

（4）脚手板。脚手板铺设在脚手架的施工作业面上，以便施工人员工作和临时堆放施工材料。

常用的脚手板有：冲压钢脚手板、钢木脚手板、竹串片板和竹笆板等，施工时可以根据各地区的材源就地取材选用。

每块脚手板的重量不宜大于 30kg。

（5）安全网。安全网时用来防止人、物坠落，避免或减轻坠落物打击伤害的网具。

安全网一般有平网和立网两种：平网为水平安装的网，主要用来托住坠落的人和物；立网为垂直安装的网，主要用于挡住人或物的闪出坠落。

安全网由网体、边绳、系绳和筋绳组成，其构造如图 2-38 所示。

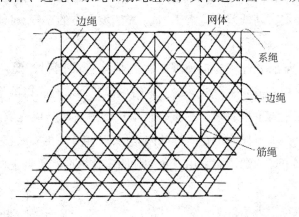

图 2-38　安全网结构

安全网必须有足够的强度和耐腐蚀性，符合国家安全标准。霉烂、腐朽、老化或有漏孔的网绝对不能使用。

4. 落地扣件式钢管脚手架搭设

脚手架搭设必须严格执行有关的脚手架安全技术规范，采取切实可靠的安全措施，以保证安全可靠地施工。

脚手架必须配合工程的施工进度进行搭设。

脚手架一次搭设的高度不应超过相邻连墙件以上两步。对脚手架每一次搭设高度进行限制，是为了保证脚手架搭设中的稳定性。

脚手架按形成基本构架单元的要求，逐排、逐跨、逐步地进行搭设。

矩形周边脚手架可在其中的一角的两侧各搭设一个 1～2 根杆长的一根杆高的架子，并按规定要求设置剪刀撑或横向斜撑，以形成一个稳定的起始架子，然后向两边延伸，置全周边都搭设好后，再分步周边向上搭设。

在搭施脚手架时，各杆的搭设顺序为：

（1）摆放扫地杆、树立杆。脚手架必须设置纵、横向扫地杆。根据脚手架的宽度摆放纵向扫地杆，然后将各立杆的底部按规定跨距与纵向扫地杆用直角扣件固定，并安装好横向扫地杆。立杆要先树立排立杆，后树外排立杆；先树两端立杆，后树中间各根立杆。

每根立杆底部应设置底座或垫板。

纵向扫地杆固定在立杆内侧，其距底座上皮的距离不应大于 200mm。横向扫地杆应采用直角扣件固定在紧靠纵向扫地杆下方的立杆上，或者紧挨着立杆，固定在纵向扫地杆下侧。

当立杆基础不在同一高度时(图2-39),应将高处的纵向扫地杆向低处延长两跨并与立杆固定,高低差不应大于1m。靠边坡上方的立杆(轴线)到边坡距离应大于500mm。

(2)安装纵向水平杆和横向水平杆。在树立杆的同时,要及时搭设第一、第二步纵向水平杆和横向水平杆,以及临时抛撑或连墙杆,以防架子倾倒。

①使用冲压钢脚手板、木脚手板、竹串片脚手板时,应先安装纵向水平杆用直角扣件把纵向水平杆固定在立杆的内侧(图2-40)。再安装横向水平杆双排脚手架的横向水平杆两端均应采用直角扣件固定在纵向水平杆上(图2-40)。

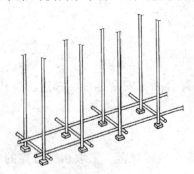

图2-39 摆放扫地杆、树立杆

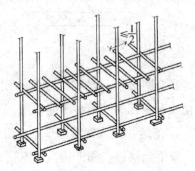

图2-40 脚手架纵向、横向
水平杆安装(铺冲压钢脚手板等时)

在双排脚手架中,横向水平杆靠墙一端的外伸长度应不小于0.42m,且不大于50mm,其靠墙一端端部离墙(装饰面)的距离应不大于100mm,如图2-41(a)所示。

单排脚手架的横向水平杆的一端用直角扣件固定在纵向水平杆上,另一端应插入墙内,其插入长度不应小于180mm,如图2-41(b)所示。

在主节点处必须设置横向水平杆,并在架子的使用过程中严禁拆除。

作业层上非主节点处的横向水平杆应根据支承脚手板的需要,等距离设置(用直角扣件固定在纵向水平杆上),最大间距应不大于1/2跨距(≤$Z/2$)。

②使用竹笆脚手架时,应先安装横向水平杆双排脚手架的横向水平杆两端,应用直角扣件固定在立杆上;单排脚手架的横向水平杆的一端,应用直角扣件固定在立杆上,另一端应插入墙内,其插入长度应不小于180mm。安装纵向水平杆,应在立杆内侧采用直角扣件固定在横向水平杆上。

作业层上非主节点处的纵向水平杆,应根据铺放脚手板的需要,等间距设

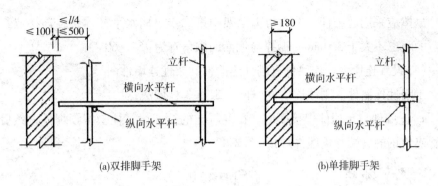

(a)双排脚手架　　　　　　　　　　　　(b)单排脚手架

图2-41　双排、单排脚手架的横向水平杆

置(用直角扣件固定在横向水平杆上),其间距应不大于400mm。

每根纵向水平杆的钢管长度至少跨越3跨(4.5～6m),安装后其两端的允许高差要求在2mm之内。

同一跨内、外两根纵向水平杆的允许高应小于10mm。

纵向水平杆安装在立杆的内侧,其优点是:

- 方便立杆接长和安装剪刀撑。
- 对高空作业更为安全。
- 可减小横向水平杆跨度。

③单排脚手架中横向水平杆插入墙内的一端,在下列部位不得设置:

- 过梁上与过梁两端成60°角的三角形范围内及过梁净空的1/2高度范围内。
- 砌体门窗洞口两侧200～300mm范围及宽度小于1m的窗间墙内。
- 砌体转角处的450mm(砖砌体)或600mm(其他砌体)范围内。
- 梁或梁垫下及其两侧各500mm的范围内。
- 宽度小于480mm的砖柱(独立或附墙砖柱)上。

④纵向水平杆接长宜采用对接扣件连接,也可采用搭接。采用对接时,对接接头应交错布置:

- 两根相邻纵向水平杆的接头不宜设置在同步或同跨内。
- 不同步或同跨的两个相邻接头的水平方向错开距离不应小于500mm。
- 各接头中心至最近主节点的距离不应大于纵距的1/3。

搭接时,搭接长度不应小于1m,用等距设置的3个旋转扣件固定,端部扣件盖板边缘至杆端距离不小于100mm。

(3)设抛撑。在设置第一层连墙件之前,除角部外,每隔6跨(10～12m)应设一根抛撑,直至装设两道连墙件且稳定后,方可根据情况拆除。

抛撑应采用通长杆，上端与脚手架中第二步纵向水平杆连接，连接点与主节点的距离不大于300mm。抛撑与地面的倾角宜为45°~60°。

（4）设置连墙件。连墙件有刚性连墙件和柔性连墙件两类。

①刚性连墙件。刚性连墙件（杆）一般有3种做法：

a. 连墙件与预埋件焊接而成。在混凝土的框架梁、柱上留预埋件，然后用钢管或角钢的一端与预埋件焊接（图2-42）。

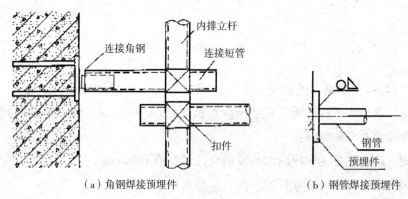

（a）角钢焊接预埋件　　　　　　（b）钢管焊接预埋件

图2-42　钢管焊接刚性连墙杆

b. 用短钢管、扣件与钢筋混凝土柱连接（图2-43）。

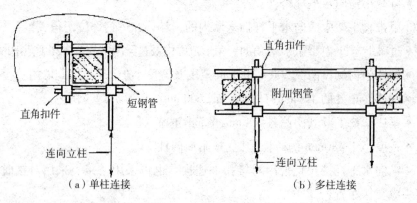

（a）单柱连接　　　　　　　　　（b）多柱连接

图2-43　钢管扣件柱刚性连墙杆

c. 用短钢管、扣件与墙体连接（图2-44）。

②柔性连墙件。单排脚手架的柔性连墙件做法如图2-45（a）所示，双排脚手架的柔性连墙件做法如图2-45（b）所示。拉接和顶撑必须配合使用。其中拉筋用ϕ6mm钢筋或ϕ4mm的铅丝，用来承受拉力；顶撑用钢管和木楔，用以承受压力。

③连墙件的设置要求。

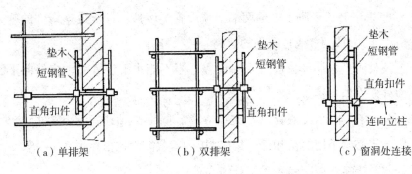

图 2-44　钢管扣件墙刚连墙杆

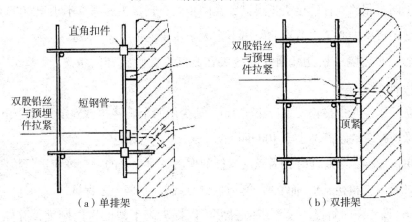

图 2-45　柔性连墙件

a. $H < 24\text{m}$ 的脚手架宜用刚性连墙件，亦可应拉筋加顶撑，严禁使用仅有拉筋的柔性连墙件。

b. $H \geqslant 24\text{m}$ 的脚手架必须用刚性连墙件，严禁使用柔性连墙件。

c. 连墙件宜优先菱形布置，也可用方形、矩形布置。

d. 连墙件的设置数量应符合表 2-3 的规定。

表 2-3　连墙件布置最大间距

脚手架高度（H）		竖向间距	水平间距（m）	每根连墙件覆盖面积（m²）
双排	≤50m	2h	31	≤40
	>50m	2h	31	≤27
单排	≤24m	3h	31	≤40

e. 连墙件应从第一步纵向水平杆处开始设置，当该处设置有困难时，应采取其他可靠措施。

f. 连墙件的设置位置宜靠近主节点，偏离节点的距离不大于 300mm。

g. 在建筑物的每一层范围内均需设置一排连墙件。

h. 一字形、开口形脚手架的两端必须设置连墙件，且所设连墙件的垂直度间距不应大于 4m（2 步）或建筑物的层高。

i. 连墙件中的连墙杆拉筋宜水平设置，当不能水平设置时，应外向下斜连接，不应外向上斜连接。

（5）接立杆。扣件式钢管脚手架中立柱，除顶层顶步可采用搭接接头外，其他各层各步必须采用对接扣件连接（对接的承载能力比搭接大 2.14 倍）。

立杆的对接接头应交错布置，具体要求：

① 两根相邻立杆的接头不得设置在同步内，且接头的高差不小于 500mm。

② 各接头中心至主节点的距离不宜大于步距的 1/3。

③ 同步内隔一根立杆两相隔接头在高度方向上错开的距离（高差）不得小于 500mm。

立杆搭接时搭接长度不应小于 1m，至少用两个旋转扣件固定，端部扣件盖板边缘至杆端的距离不小于 100mm。

在搭设脚手架立杆时，为控制立杆的偏斜，对立杆的垂直度应进行检测（用经纬仪或吊线和卷尺），而立杆的垂直度用控制水平偏差来保证。

（6）设置横向斜撑。设置横向斜撑可以提高脚手架的横向刚度，并能显著提高脚手架的稳定性和承载力。横向斜撑应随立杆、纵向水平杆、横向水平杆等同步搭设。

横向斜撑设置应符合以下规定：

① 一道横向斜撑应在同一节间内有底到顶呈"之"字形连续布置。

② 一字形、开口形双排脚手架的两端必须设置横向斜撑，在中间宜每隔 6 跨设置一道。

③ 高度在 240mm 以上封圈型双排脚手架，在拐角处设置横向斜撑，中间应每隔 6 跨设置一道。

④ 高度在 24m 以下封圈型双排脚手架可以不设横向斜撑。

⑤ 斜撑杆宜采用旋转扣件固定在与之相交的横向水平杆的伸出端（扣件中心线与主节点的距离不宜大于 150mm），底层斜杆的下端必须支承在垫块或垫板上。

（7）设置剪刀撑。设置剪刀撑可增强脚手架的整体刚度和稳定性，提高脚手架的承载力。不论双排脚手架还是单排脚手架，均应设置剪刀撑。

剪刀撑应随立杆、纵向水平杆、横向水平杆的搭设同步搭设。

高度 24m 以下的单、双排脚手架必须在外侧立面的两端各设置一道从底到顶连续的剪刀撑，中间各道剪刀撑之间的净距不应大于 15m；高度 24m 以上的双排脚手架应在整个外侧立面上连续设置剪刀撑。

每道剪刀撑至少跨越 4 跨，且宽度不小于 6m。如果跨越的跨数少，剪刀撑的效果不显著，脚手架的纵向刚度会较差。

剪刀撑斜杆应用旋转扣件固定在与之相交的横向水平杆上，且扣件中心线与主节点的距离不宜大于 150mm。

底层斜杆的下端必须支承在垫块或垫板上。

剪刀撑斜杆的接长宜用搭接，其搭接长度不应小于 1m，至少用两个旋转扣件固定，端部扣件盖板边缘至杆端的距离不小于 100mm。

（8）铺脚手板。

①作业层上脚手板铺设。作业层的脚手板应铺满、铺稳。作业层上脚手板的铺设宽度，除考虑材料临时堆放的位置外，还需考虑手推车的行走，其铺设的宽度可参考表 2-4。

表 2-4　脚手板的铺设宽度

行车情况	结构脚手架	装修脚手架
没有小车	≥1.0m	≥0.9m
车宽不大于 600mm	≥1.3m	≥1.2m
车宽 900～1000mm	≥1.6m	≥1.5m

脚手板边缘与墙面的间隙一般为 120～150mm，与挡脚板的间隙一般不大于 100mm。

②防护层上脚手板铺设。在脚手架的作业层下面应留一层脚手板作为防护层。施工时，当脚手架的作业层升高时，则将下面一层防护层上的脚手板倒到上面一层，升为作业层的脚手板，两层交错上升。

为了增强脚手架的横向刚度，除在作业层、防护层上铺设脚手板，在脚手架中自顶层作业层往下算，每隔 12m 宜满铺一层脚手板。

③竹笆脚手板铺设。铺竹笆脚手板时，将脚手板的主竹筋垂直于纵向水平杆方向，采用对接平铺，4 个角应用声 1.2mm 镀锌钢丝固定在纵向水平杆上。

冲压钢板脚手架、木脚手架、竹串片板的铺设脚手架应铺设在 3 根横向水平杆上，铺设时可采用对接平铺，亦可采用搭接。

脚手板搭接铺设时，接头处必须设两根横向水平杆，外伸长度应取 130 ～ 150mm，两块脚手板外伸长度之和应不大于 300mm，如图 2-46（a）所示；接头必须支在横向水平杆上，搭接长度应大于 200mm，伸出横向水平的长度应不小于 100mm，如图 2-46（b）所示。

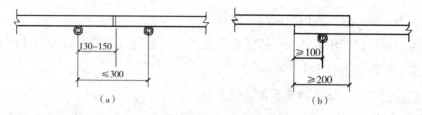

图 2-46　脚手板的对接、搭接

铺板时应注意：作业层端部脚手板的一端探头长度应不超过 150mm，并且板两端应与支承杆固定牢靠。

装修脚手架作业层上横向脚手架的铺设不得小于 3 块。

当长度小于 2m 的脚手板铺设时，可采用两根横向水平杆支承，但必须将脚手板两端用 3.2mm 镀锌钢丝与支承杆可靠捆牢，严防倾翻。

（9）斜道搭设。脚手架斜道是施工操作人员的上、下通道，并可兼作材料的运输通道。

①斜道形式。斜道有"一"字形和"之"字形两种形式：高度不大于 6m 的脚手架，宜用"一"字形斜道；高度大于 6m 的脚手架，宜用"之"字形斜道。

②斜道的宽度和坡度。斜道的宽度和坡度按行人还是运料，分别选用。行人斜道的宽度应不小于 1m，坡度为 1:3。运料斜道的宽度应小于 1.5m，坡度为 1:6。

③斜道构造要求。斜道应附着外脚手架或建筑物设置；在斜道拐弯处应设置平台。斜道宽度应不小于斜道宽度；运料斜道两侧、平台外围和端部均设置连墙杆、剪刀撑和横向斜撑，每两步架加设水平斜杆。斜道两侧及平台外围均应设置栏杆和挡脚板。

④斜道脚手板铺设。横铺时，应在横向水平杆下增设纵向支托杆，纵向支托杆之间的距离应不大于 500mm；顺铺时，接头宜搭接，下面的板头应压住上面的板头，板头的凸棱处宜采用三角木填顺。脚手板上每隔 200 ～ 300mm 应设置一根厚 20 ～ 30mm 的防滑木条。

（10）栏杆和挡脚板搭设。

（11）搭设安全网。

①立网。沿脚手架的外侧面应全部设置立网，立网应与脚手架的立杆、横杆绑扎牢固。立网的平面应与水平面垂直；立网平面与搭设人员的作业面边缘的最大间隙不得超过100mm。在操作层上，网的下口与建筑物挂搭封严，形成兜网，或在操作层脚手板下另设一道固定安全网。

②平网。脚手架在距离地面3~5m处设置首层安全网，上面每隔3~4层设置一道层间网。当作业层在首层以上超过3m时，随作业层设置的安全网称为随层网。

平网伸出脚手架作业层外边缘部分的宽度，首层网为3~4m（脚手架高度H≤24m时）或5~6m（脚手架高度$H>24$m时），随层网、层间网为2.5~3m。高层建筑脚手架的底部应搭设防护棚。

（12）脚手架封顶。

①脚手架封顶时，为保证施工的安全，其构造上有以下要求：

a. 外排立杆必须超过房屋檐口的高度。若房屋有女儿墙时，必须超过女儿墙顶1m；若是坡屋顶，必须超过檐口顶1.5m。

b. 内排立杆则应低于檐口底150~200mm。

c. 脚手架最上一排连墙件以上的建筑物高度应不大于4m。

②房屋挑檐部位脚手架封顶。在房屋的挑檐部位搭设脚手架时，可用斜杆将脚手架挑出。其构造有以下要求：

a. 挑出部分的高度不得超过两步，宽度不超过1.5m。

b. 斜杆应在每根立杆上挑出，与水平面的夹角不得小于60°，斜杆的两端均交于脚手架的主节点处。

c. 斜杆间的距离不得大于1.5m。

d. 脚手架挑出部分最外排立杆与原脚手架的两排立杆，至少设置3道平行的纵向水平杆。

（13）扣件安装注意事项。

①扣件规格必须与钢管规格相同。

②对接扣件的开口应朝下或朝内以防雨水进入。

③连接纵向（或横向）水平杆与立杆的直角扣件，其开口要朝上，以防止扣件螺栓滑丝时水平杆的脱落。

④各杆件端头伸出扣件盖板边缘的长度不应小于100mm。

⑤扣件螺栓拧紧力矩应不小于 40kN·m，不大于 60kN·m。

5. 脚手架的检查、验收

脚手架搭到设计高度后，应对脚手架的质量进行检查、验收，经检查合格者方可验收交付使用。

(1)检查验收的组织。高度 20m 及以下的脚手架，应由单位工程负责人组织技术安全人员进行检查验收；高度大于 20m 的脚手架应由上一级技术负责人组织单位工程负责人及有关的技术人员进行检查验收。

(2)脚手架验收文件准备。

①施工组织设计文件。

②技术交底文件。

③脚手架杆配件的出厂合格证。

④脚手架工程的施工记录及阶段质量检查记录。

⑤脚手架搭设过程中出现的重要问题及处理记录。

⑥脚手架工程的施工验收报告。

(3)脚手架的质量检查、验收项目。脚手架的质量检查、验收，重点检查下列项目，并需将检查结果记入验收报告。

①脚手架的架杆、配件设置和连接是否齐全，质量是否合格，构造是否符合要求，连接和挂扣是否紧固可靠。

②地基有否积水，基础是否平整、坚实，底座是否松动，立杆是否悬空。

③连墙件的数量、位置和设置是否符合规定。

④安全网的张挂及扶手的设置是否符合规定要求。

⑤脚手架的垂直度与水平度的偏差是否符合要求。

⑥是否超载。

扣件式钢管脚手架是采用扣件连接，安装后扣件螺栓拧紧扭力矩应采用扭力扳手检查。

6. 脚手架使用的安全管理

(1)脚手架使用期间的安全检查、维护。在脚手架使用过程中，应定期对脚手架及其地基基础进行检查和维护，特别是下列情况下，必须进行检查。

①作业层上施加荷载前。

②遇六级及以上大风和大雨后。

③寒冷地区开冻后。

④停用时间超过一个月。

（2）安全检查项目。脚手架检查的项目同脚手架的质量检查、验收项目。

（3）安全生产检查。脚手架是建筑施工的主要设施，主管部门对施工现场进行安全生产检查时，脚手架是10个分项中的一项，见表2-5。

表2-5　安全生产检查

序号	检查项目		扣分标准	应得分数	扣减分数	实得分数
1	保证项目	施工方案	脚手架无施工方案，扣10分；脚手架高度超过规定范围无设计计算书或未经审批，扣10分；施工方案不能指导施工，扣5~8分	10		
2		立杆基础	每10延长米立杆基础不平、不实、不符合方案设计要求，扣2分；每10延长米立杆缺少底座、垫木，扣5分；每10延长米无扫地杆，扣5分；每10延长米无排水措施，扣3分	10		
3		架体与建筑结构拉结	脚手架高度在7m以上，架体与建筑结构拉结，按规定要求少一处，扣2分；拉结不坚固每一处，扣1分	10		
4		杆件间距与剪刀撑	每10延长米立杆、大横杆、小横杆间距超过规定要求的一处，扣2分；不按规定设置剪刀撑的每一处，扣5分；剪刀撑未沿脚手架高度连续设置或角度不符合要求，扣5分	10		
5		脚手板与防护栏杆	脚手板不满铺，扣7~10分；脚手板材质不符合要求，扣7~10分；每有一处探头板，扣2分；脚手架外侧未设置密目式安全网的，或网不严密，扣7~10分；操作层不设1.2m高防护栏杆和挡脚板，扣5分	10		
6		交底与验收	脚手架搭设前未交底，扣5分；脚手架搭设完毕未办理验收手续，扣10分；无量化的验收内容，扣5分	10		

续表

序号	检查项目	扣分标准	应得分数	扣减分数	实得分数
7	小横杆设置	不按立杆与大横杆交点处设置小横杆的每有一处，扣2分； 小横杆只固定一端的每有一处，扣1分； 单排架子小横杆插入墙内小于24cm的每有一处，扣2分	10		
8	杆件搭接	不是顶层的立杆采用搭接的，每一处扣2分	5		
9	架体内封闭	操作层以下每隔10m未用平网或其他措施封闭的，扣5分； 操作层脚手架内立杆与建筑物之间未进行封闭的，扣5分	5		
10	脚手架材质	钢管弯曲、锈蚀严重的，扣4~5分	5		
11	通道	架体不设上下通道的，扣5分； 通道设置不符合要求的，扣1~3分	5		
12	卸料平台	卸料平台未经设计计算，扣10分； 卸料台搭设不符合设计要求，扣10分； 卸料平台支撑系统与脚手架连接的，扣8分； 卸料平台无限定荷载标牌的，扣3分	10		
检查项目合计			100		

（4）脚手架使用的安全管理。

①作业层上的施工荷载应符合设计要求，不得超载。不得在脚手架上集中堆放模板、钢筋等物件，严禁在脚手架上拉缆风绳，固定、架设模板支架、混凝土泵、输送管等，严禁悬挂起重设备。

②六级及六级以上大风和雨、雪、雾天气不得进行脚手架上作业。

③在脚手架使用期，严禁拆除下列杆件：主节点处的纵、横向水平杆，纵、横向扫地杆，连墙件。

④不得在脚手架基础及邻近处进行挖掘作业。

⑤临街搭设的脚手架外侧应有防护措施，以防坠物伤人。

⑥严禁沿脚手架外侧任意攀登。

⑦在脚手架上进行电、气焊作业时，必须有防火措施和专人看守。

⑧脚手架与架空输电线路的安全距离、工地临时用电线路架设及脚手架的

接地、避雷措施等应按现行行业标准 JGJ 46—2005《施工现场临时用电安全技术规范》的有关规定执行。

7. 脚手架的拆除

（1）脚手架拆除的施工准备和安全防护措施。

①准备工作。脚手架拆除作业的危险性大于搭设作业，在进行拆除工作之前，必须做好准备工作。当工程施工完成后，必须经单位工程负责人检查验证，确认脚手架不再需要后，方可拆除。脚手架拆除必须由施工现场技术负责人下达正式通知。脚手架拆除应制定拆除方案，并向操作人员进行技术交底。全面检查脚手架是否安全；对扣件式脚手架应检查脚手架的扣件连接、连墙件、支撑体系是否符合构造要求。拆除前应清除脚手架上的材料、工具和杂物，清理地面障碍物，制订详细的拆除程序。

②安全防护措施。脚手架拆除作业的安全防护要求与搭设作业时的安全防护要求相同：拆除脚手架现场应设置安全警戒区域和警告牌，并派专人看管，严禁非施工作业人员进入拆除作业区内。应尽量避免单人进行拆卸作业；严禁单人拆除如脚手板、长杆件等较重、较大的杆部件。

（2）脚手架的拆除。

脚手架的拆除顺序与搭设顺序相反，后搭的先拆，先搭的后拆。

扣件式钢管脚手架的拆除顺序为：安全网→剪刀撑→斜道→连墙件→横杆→脚手板→斜杆→立杆→立杆底座。

脚手架拆除应自上而下逐层进行，严禁上下同时作业。

严禁将拆卸下来的杆配件及材料从高空向地面抛掷，已吊运至地面的材料应及时运出拆除现场，以保持作业区整洁。

脚手架拆除的注意事项：

①连墙件必须随脚手架逐层拆除，严禁先将连墙件整层或数层拆除后再拆脚手架杆件。

②如部分脚手架需要保留而采取分段、分立面拆除时，对不拆除部分脚手架的两端必须设置连墙件和横向斜撑。连墙件垂直距离不大于建筑物的层高，并不大于 2 步(4m)。横向斜撑应自底至顶层呈"之"字形连续布置。

③脚手架分段拆除高差不应大于 2 步，如高差大于 2 步，应增设连墙件加固。

④当脚手架拆至下部最后一根立杆高度(约 6.5m)时，应在适当位置先搭设

临时抛撑加固后，再拆除连墙件。

⑤拆除立杆时，把稳上部，再松开下端的联结，然后取下。

⑥拆除水平杆时，松开联结后，水平托举取下。

（3）脚手架材料的整修、保养。拆下的脚手架杆配件，应及时检验、整修和保养，并按品种、规格、分类堆放，以便运输、保管。

学习任务二 承重墙其他部位的砌筑施工

学习目标

通过本单元知识的学习，使学生合理选择实心砖墙带洞口的砌筑方法；学会根据工程需要，安全合理搭设及拆除落地碗扣式钢管外脚手架的技能。

学习任务

砌筑多层办公楼带洞口的墙体。

任务分析

学生在学习砌筑外墙的过程中，了解实心砖墙其他部位的砌筑；会根据工程需要，安全合理搭设及拆除落地碗扣式钢管外脚手架。

任务实施

墙体砌筑除以下部位施工有所变化，其他部位与实心墙方法相同。

一、实心砖墙其他部位砌法

（一）门窗洞口

窗间墙砌到窗台标高以后，在开始往上砌筑间墙时，应对立好的窗框进行检查。察看位置是否正确、高低是否一致、立口是否在一条直线上，进出是否一致，是否垂直等。如果窗框是后塞 Kl 式，应按图样在墙上画出分口线，留置窗洞。

砌窗间墙时，应拉通线同时砌筑。门窗两边的墙宜对称砌筑、靠窗框两边的墙砌砖时要注意顶顺咬合，避免通缝，并应经常检查门窗口里角和外角是否垂直。

当门窗立上时，要砌窗间墙不要把砖紧贴着门窗口，应留出 3mm 的缝隙，免得阻碍门框固定。

当塞口时，按要求位置在两边墙上砌入防腐木砖，一般窗高不超过 1.2m 时每边放两块，各距上下边 3~4 皮砖。木砖应事先做防腐处理。木砖埋砌时，应小头在外，这样不易拉脱。如果采用钢窗，则按要求位置预先留好洞口，以备镶固软件。

当窗间墙砌到窗口上部时，应超出窗框上皮 10mm 左右，以防止安装过梁后下沉压框。

安装完过梁（或发璇）以后，拉通线砌长墙，墙砌到楼板支承处，为使墙体受力均匀，楼板下的一皮砖应为顶砖层，如楼板下一皮砖赶上顺砖层时，应改砌顶砖层。此时则出现两层顶砖，俗称重顶。

一层楼砌完后，所有砖墙标高应在同一水平。

（二）窗台

当墙砌到接近窗口标高时，如果窗台是用顶砖挑出，则在窗洞口下皮开始砌窗台。砌之前按图样把窗洞口位置在砖墙面上画出分口线，砌砖时砖砌过分口线 60~120mm，挑出墙面 60mm，出檐砖的立缝要打破头灰。

窗台砌虎头砖时，先把窗台两边的两块虎头砖砌上，用一根细线挂在它的下皮砖外角上，线的两端固定，作为砌虎头砖的准线，挂线后把窗台的宽度量好，算出需要的砖数和灰缝的大小。虎头砖向外砌成斜坡，在窗口处的墙上砂浆应铺得厚一些，一般里面比外面高出 20~30mm，以利泄水。

（三）钢筋砖过梁

当砖砌到门窗平口时，可在门窗口上搭放支撑胎膜，支模时中间略微起拱 1%。支好模板后，洒水润湿，铺上 20~30mm 厚的 M10（1:3 质量比）水泥砂浆层，把 $\phi6~\phi8$mm 的钢筋埋入砂浆中，钢筋弯成 90° 方钩弯向上，砌砖时正好把砖套在弯钩里，把钢筋锚住。砌第一皮砖时应用顶砖，每砌完一皮砖应用稀砂浆灌缝，做到灰浆饱满密实。

（四）山尖、封山

当坡形屋顶建筑砌筑山墙时，在砌到檐口标高时要往上收砌山尖。一般在山墙的中心位置钉上一根皮数杆，在皮数杆上按山尖屋脊顶尖高处钉一颗钉子，往前后檐挂斜线，砌时按斜线坡度用踏步槎向上砌筑。

在砌到檩条底标高时，将檩条位置留下，待放完檩条后，就可进行封山。

（五）挑檐、腰线

挑檐是在山墙前后檐口处，向外挑出的砖砌体。在砌挑檐前应先检查墙身高度，前后两坡及左右两山是否在一个水平面上，计算出檐后高度是否能使挂瓦时坡度顺直。挑层最下一皮为顶砖，每皮砖挑出宽度不大于 60mm。砌砖时，在两端各砌一块顶砖，然后在顶砖的底棱挂线，并在线的两端用尺量一下是否挑出一致。砌砖时先砌内侧砖，后砌外面挑出砖，以便于压住下一层挑檐砖，以防使刚砌完的檐子下折。

砌时立缝要嵌满砂浆，水平缝的砂浆外边要略高于里边，以便沉陷后檐头不致下垂。砂浆强度等级应比砌墙用料提高一级，一般不低于 M5。

（六）墙上留脚手架眼、洞口

当使用单排立杆脚手架时，小横杆的一端要插入墙内，支放在砖墙上。因此，砌墙时必须预先留出孔眼，一般在 1.5m 高处开始留，间距 1m 左右一个。眼的上面再砌 3 层砖，以保护砌好的砖。采用小横杆时，在墙上留一个顶头大小即可。对脚手架眼的位置不能随便留，在下列部位不得设脚手架孔眼：

(1)空心砖墙和半砖墙。

(2)砖过梁上方以梁为底边，底角为 60° 的三角形范围。

(3)宽度小于 1000mm 的窗间墙。

(4)梁或梁垫下及其左右各 500mm 的范围内。

(5)门窗口两侧 ÷ (180mm) 砖和转角处 1 ÷ 长或 430mm 砖的范围。

(6)设计规定不允许设置脚手架眼的位置。

墙上预留洞口其位置应根据轴线或墙身线以及标高用尺量出，形状、大小按图样要求，洞口较小时可临时用砖支顶。

还有在室内应留各种凹槽，如水电立管的砖槽、暖气片槽、配电箱槽、消火栓槽等均应按图样要求尺寸和部样位预留，不得砌后凿洞。各种洞、槽的阴阳角，要求像砌门窗两边的墙一样吊线砌直，凹槽里面的砖也应砌得平整。

如临时需要变更预留孔洞位置，或新增预留孔洞，必须征得有关施工技术部门的同意。

（七）构造柱边做法

凡设有构造柱的工程，在砌筑前先根据设计图样将位置进行弹线，并把构造柱插筋调直。砌砖墙时，与构造柱连接处砌成马牙槎。

沿墙高每 500mm 设置 2φ6mm 水平拉结钢筋，拉结钢筋每边伸入砖墙不小于1m。构造柱尺寸允许偏差和检验方法见表2-6。

表2-6　构造柱尺寸允许偏差和检验方法

项　目		允许偏差（mm）	检验方法
柱中心线位置		10	用经纬仪和尺量检查或用其他测量仪器检查
柱层间错位		8	用经纬仪和尺量检查或用其他测量仪器检查
柱垂直度	每层	10	用2m托线板检查
	≤10m	15	—
全高	>10m	20	用经纬仪、吊线和尺量检查或用其他测量仪器检查

（八）变形缝的砌筑与处理

当砌筑变形缝两侧的砖墙时，要找好垂直，缝的大小、上下一致，更不能中间接触或有支撑物。砌筑时要特别注意，不要把砂浆、碎砖、钢筋头等掉入变形缝内，以免影响建筑物的自由伸缩、沉降和晃动。

变形缝口部的处理必须按设计要求，不能随便更改，缝口的处理要满足此缝的功能上的要求。如伸缩缝一般用麻丝沥青填缝，而沉降缝则不允许填缝。

（九）梁底和板底砖的处理

砖墙砌到楼板底时应砌成丁砖层，如果楼板是现浇的，并直接支承在砖墙上，则应砌低一皮砖，使楼板的支撑处混凝土加厚，支承点得到加强。

填充墙砌到框架梁底时，墙与梁底的缝隙要用铁模子或木模子打紧，然后用1∶2水泥砂浆嵌填密实。如果是混水墙，可以用与平面交角45°～60°的斜砌砖顶紧。假如填充墙是外墙，应等砌体沉降结束，砂浆达到强度后再用模子模紧，然后用1∶2水泥砂浆嵌填密实，因为这一部分是薄弱点，最容易造成外墙渗漏，施工时要特别注意梁板底的处理。

（十）砖墙面勾缝施工

1. 勾缝前准备

（1）清理墙面黏结的砂浆、泥浆和杂物等，并洒水湿润。

（2）开凿瞎缝，并对掉角的部位用与墙面相同颜色的砂浆修补齐平。

（3）将脚手架眼内清理干净，洒水湿润，并用原墙相同的砖补砌严密。

用水泥砂浆勾缝，宜用细砂拌制的1∶5（质量比）水泥砂浆。

2. 砖缝形式

（1）平缝。勾成的墙面平整，用于外墙及内墙勾缝。

（2）凹缝。照墙面推进2～3mm深。凹缝又分平凹缝和圆凹缝，圆凹缝是将灰缝压溜成一个圆形的凹槽。

(3)凸缝。将灰缝做成圆形凸线,使线条清晰明显,墙面美观,多用于石墙。

(4)斜缝。将水平缝中的上部勾缝砂浆压紧一些,使其成为一个斜面向上的缝,该缝泄水方便,多用于烟囱。

3. 勾缝操作要点

(1)勾缝前对清水墙面进行一次全面检查,开缝嵌补。对个别暗缝(两砖紧靠一起没有缝)、划缝不深或水平缝不直的都进行开缝,使灰缝宽度一致。

(2)填堵脚手眼时,要首先清除脚手眼内残留的砂浆和杂物,用清水把脚手眼内润湿,在水平方向摊平一层砂浆,内部深处也必须填满砂浆。塞砖时,砖上面也摊平一层砂浆,然后再填塞进脚手眼。填的砖必须与墙面齐平,不应有凸凹现象。

(3)勾缝的顺序是从上而下进行,先勾水平缝。勾水平缝是用长溜子,自右向左,右手拿溜子,左手拿托灰板,将托灰板顶着灰口下沿,用溜子将灰浆压入缝内(喂缝),自右向左随压随勾随移动托灰板。勾完一段后,溜子自左向右,在砖缝内将灰浆压实、压平、压光,使缝深浅一致。勾立缝用短溜子,自上而下在托灰板上将灰刮起(俗称叼灰),勾入竖缝,塞压密实平整。勾好的水平缝要深浅一致,搭接平整,阳角要方正,不得有凹和波浪现象。门窗框边的缝、门窗植底、虎头砖底和出檐底都要勾压严实。勾完后,要立即清扫墙面,勿使砂浆玷污墙面。

二、质量标准

(一)一般规定

(1)蒸压灰砂砖和蒸压粉煤灰砖不得用于长期受热200°C以上、受急冷急热和有酸性介质侵蚀的部位。

(2)砌筑时,砖应提前1~2天浇水湿润。烧结普通砖、多孔砖含水率宜为10%~15%,灰砂砖、粉煤灰砖含水率宜为5%~8%。

(3)当采用铺浆法砌筑时,铺浆长度不得超过750mm,施工期间气温超过30℃时。铺浆长度不得超过500mm。

(4)砖墙中的洞口、管道、沟槽和预埋件等,宽度超过300mm的,砌筑平拱或设置过梁。

(5)砖砌平拱过梁的灰缝应砌成楔形缝。灰缝的宽度,在过梁底部不应小于 5mm；在过梁顶面不应大于 15mm。拱脚应伸入墙内不少于 20mm，拱底应有 1% 的起拱。

（6）砖过梁底部的模板，应在灰缝砂浆强度不低于设计强度的 50%，方可拆除。

（7）施砌的蒸压（养）砖的产品龄期不应小于 28 天。

（8）竖向灰缝不得出现透明缝、瞎缝和假缝。

（9）施工临时间断处补砌时，必须将接搓处表面清理干净，浇水温润并填实砂浆，保持灰缝平直。

（二）主控项目

1. 砖和砂浆的强度等级设计要求

抽检数量：每一生产厂家的砖到现场后，按烧结砖 15 万块为一验收批，抽检数量为一组。砂浆试块的抽检数量，同一类型、强度等级的试块应不少于 3 组。

检验方法：查砖和砂浆试块试验报告。

2. 砌体水平灰缝的砂浆饱满度

砌体水平灰缝的砂浆饱满度不得小于 80%

抽检数量：每检验批抽查不应少于 5 处。

检验方法：用百格网检查砖底面与砂浆的黏结痕迹面积。每处检测 3 块砖，取其平均值。

3. 转角处和交接处

砖砌体的转角处和交接处应同时砌筑，严禁无可靠措施的内外墙分砌施工。对不能同时砌筑而又必须留置的临时间断处应砌成斜槎，斜槎水平投影长度不应小于高度的 2/3。

抽检数量：每检验批抽 20% 接槎，且不少于 5 处。

检验方法：观察检查。

4. 位置及垂直度

砖砌体的位置及垂直度允许偏差应符合表 2-7 的规定。

表 2-7　位置及垂直度

项次	项目			允许偏差（mm）	检验方法
1	轴线位置偏移			10	用经纬仪和尺检查或用其他测量仪器检查
2	垂直高度		每层	5	用 2m 托线板检查
		全高	≤10m	10	用经纬仪、吊线和尺检查，或用其他测量仪器检查

(三)一般项目

1. 砖砌体组砌方法

砖砌体组砌方法应正确,上、下错缝,内外搭砌。

抽检数量:外墙每20m抽查一处,每处3~5m且不应少于3处;内墙按有代表性的自然间抽查10%,且不应少于3间。

检验方法:观察检查。

合格标准:除符合本条要求外,清水墙、窗间墙无通缝;混水墙长度不小于300mm的通缝每间不超过3处,且不得位于同一面墙体上。

2. 灰缝

砖砌体的灰缝应横平竖直,厚薄均匀。水平灰缝厚度宜为10mm,但不应小于8mm,也不应大于12mm。

抽检数量:每步脚手架施工的砌体,每20m抽查一处。

检验方法:用尺量10皮砖砌体高度折算。

3. 偏差

砖砌体的一般尺寸允许偏差应符合表2-8的规定。

表2-8 砖砌体允许偏差

项次	项目	允许偏差(mm)	检验方法	抽检数量
1	基础顶面和楼面标高	±15	用水平仪和尺检查	不应少于5处
2	清水墙、柱表面	5	用2m靠尺和楔形塞尺检查	有代表性自然间10%,但不应少于3间,每间不应少于2处
	混水墙、柱平整度	8		
3	门窗洞口高、宽(后塞口)	±5	用尺检查	检验批的10%,且不应少于5处
4	外墙上下窗口偏移	30	以底层窗口为准,用经纬仪或吊线检查	检验批的10%,且不应少于5处
5	水平灰缝平直度	10(混水墙)7(清水墙)	拉lore线和尺检查	有代表性自然间10%,但不应少于3间,每间不应少于2处
6	清水墙游丁走缝	20	吊线和尺检查,以每层第一皮砖为准	有代表性自然间10%,但不应少于3间,每间不应少于2处

二、落地碗扣式钢管外脚手架

扣件式钢管脚手架应用虽然最为普遍,但在长期应用中也暴露出一些固有的缺陷：脚手架节点强度受扣件抗滑能力的制约，限制了扣件式钢管脚手架的承载能力。立杆节点处偏心距大，降低了立杆的稳定性和轴向抗压能力。扣件螺栓全部是由人工操作，其拧紧力矩不易掌握，连接强度不易保证。扣件管理困难，现场丢失严重，增加了工程成本。碗扣式钢管脚手架是一种多功能脚手架，目前广泛使用的；WDJ型碗扣式钢管脚手架基本上解决了扣件式钢管脚手架的缺陷，它的特点有以下几点。

（1）独创了带齿的碗扣式接头，结构合理，解决了偏心距问题，力学性能明显优于扣件式和其他类型接头。

（2）装卸方便，安全可靠，劳动效率高，功能多。

（3）不易丢失零散扣件等。

（一）碗扣式钢管脚手架的组合类型与适用范围

双排碗扣式钢管脚手架按施工作业要求与施工荷载的不同，可组合成轻型架、普通型架和重型架3种形式。它们的组框构造尺寸及适用范围列于表2-9。

单排碗扣式钢管脚手架按作业顶层荷载要求，可组合成Ⅰ、Ⅱ、Ⅲ种型架，它们的组框构造尺寸及适用范围列于表2-10中。

表2-9　碗扣式双排钢管脚手架组合型式

脚手架型鼓	廊道宽(m)×框宽(m)×框高(m)	适用范围
轻型架	1.2×2.4×2.4	装修、维护等作业
普通型架	1.2×1_8×1.8	结构施工，最常用
重型架	1.2×1.2×1.8 或 1.2×0.9×1.8	重载作用，高层脚手架中的底部架

表2-10　碗扣式单排钢管脚手架组合型式

脚手架型式	框宽(m)×框高(m)	适用范围
Ⅰ型架	1.8×0.8	一般外装修、维护等作业
Ⅱ型架	1.2×1.2	一般施工
Ⅲ型架	0.9×1.2	重载施工

（二）碗扣式钢管脚手架构造特点

WDJ型碗扣式钢管脚手架采用声ϕ48mm×3.5mm，Q235A级焊接钢管作为主要构件，其核心部件是连接各杆的带齿的碗扣接头，它由上碗扣、下碗扣、上碗扣限位销、模杆接头和斜杆接头组成。

立杆是在一定长度的钢管上每隔0.6m安装一套碗扣接头，并在其顶端焊接立杆连接管而成。下碗扣焊在钢管上，上碗扣对应地套在钢管上，其销槽对准焊在钢管上的限位销时即能上、下滑动。

立杆有 1.8m 和 3m 两种规格。横杆是在钢管的两端各焊接一个横杆接头而成的。

连接时，只需将横杆接头插入立杆上的下碗扣内，再将上碗扣沿限位销扣下，并顺时针旋转，靠上碗扣螺旋面使之与限位销顶紧，从而将横杆与立杆牢固地连在一起，形成框架结构。

每个下碗扣内可同时连接四根横杆，并且横杆可以互相垂直，也可以倾斜一定的角度。

斜杆是在钢管的两端铆接斜杆接头而成的。同横杆接头一样可装在下碗扣内，形成斜杆节点(斜杆可绕杆接头转动)。

（三）落地碗扣式钢管脚手架的主要尺寸及一般规定

为确保施工安全，对落地碗扣式钢管脚手架的搭设尺寸做了一般规定与限制，见表 2-11。

表 2-11　落地碗扣式钢管脚手架规定

序号	项目名称	规定内容
1	架设高度 H	$H \leqslant 20m$ 普通架子按常规搭设 $H > 20m$ 的脚手架必须做出专项施工设计并进行结构验算
2	荷载限制	砌筑脚手架不大于 $2.7kN/m^2$； 装修架子为 $1.2 \sim 2.0kN/m^2$ 或按实际情况考虑
3	基础做法	基础应平整、夯实，并有排水措施。立杆应设有底座，并用 $0.05m \times 0.2m \times 2m$ 的木脚手板通垫； $H > 40m$ 的架子应进行基础验算并确定铺垫措施
4	立杆纵距	一般为 $1.2 \sim 1.5m$，超过此值应进行验证
5	立杆横距	$\leqslant 1.2m$
6	步距高度	砌筑架子小于 $1.2m$；装修架子小于 $1.8m$
7	立杆垂直偏差	$H < 30m$ 时，小于 $1/500$ 架高； $H > 30m$ 时，小于 $1/1000$ 架高
8	小横杆间距	砌筑架子小于 $1m$；装修架子小于 $1.5m$
9	架高范围内垂直作业的要求	铺设板不超过 $3 \sim 4$ 层，砌筑作业不超过一层，装修作业不超过两层
10	作业完毕后，横杆保留程度	靠立杆处的横向水平杆全部保留，其余可拆除

续表

序号	项目名称	规定内容
11	剪刀撑	沿脚手架转角处往里布置，每 4～6 根为一组，与地面夹角为 45°～60°
12	与结构拉结	每层设置，垂直间距离小于 4m，水平间距离小于 4～6m
13	垂直斜拉杆	在转角处向两端布置 1～2 个廓间
14	护身栏杆	H—lm，并设 h—0.25m 的挡脚板
15	连接件	凡 $H > 30$m 的高层架子，下部 $1/2H$ 均用齿形碗扣

注：①脚手架的宽度一般取 1.2m；跨度 2 常用 1.5m；当架高 $H \leq 20$m 的装修脚手架，z 亦可取 1～8m；$H > 40$m 时，z 宜取 1.2m。

②搭设高度 H 与主杆纵横间距有关：当立杆纵向、横向间距为 1.2m×1.2m 时，架高 H 应控制在 60m 左右；当立杆纵横间距为 1.5m×1.2m 时，架高 H 不宜超过 50m。

(四)落地碗扣式钢管脚手架搭设

搭落地碗扣式钢管脚手架应从中间向两边，或两层同一方向进行，不得采用两边向中间合拢的方法搭设，否则中间的杆件会难以安装。

脚手架的搭设顺序为：安放立杆底座或立杆可调底座→树立杆、安放扫地杆→安装底层(第一步)横杆→安装斜杆→接头销紧→铺放脚手板→安装上层立杆→紧立杆连接销→安装横杆→设置连墙件→设置人行梯→设置剪刀撑→挂设安全网。

1. 树立杆、安放扫地杆

根据脚手架立杆的设计位置放线后，即可安放立杆垫座或可调底座，并树立杆。在地势不平的地基上，或者是高层的重载脚手架应采用立杆可调底座，以便调整立杆的高度，使立杆的碗扣接头都分别处于同一水平面上。在平整的地基上脚手架底层的立杆应选用 1.8m 和 3.0m 两种不同长度的立杆互相交错参差布置，使立杆的上端不在同一平面内。这样，搭上面架子时，在同一层中采用相同长度的同一规格的立杆接长时，其接头就会互相错开。到架子顶部时再分别采用 1.8m 和 3.0m 两种长度的立杆接长，以保证架子顶部的平齐。在树立杆时，应及时设置扫地杆，将所树立杆连成一整体，以保证架子整体的稳定。

2. 安装底层(第一步)横杆

碗扣式钢管脚手架的步高取 600mm 的倍数，一般采用 1800mm，只有在荷载较大或较小的情况下，才采用 1200mm 或 2400mm。

(1)横杆与主杆的连接安装。将横杆接头插入立杆的下碗扣内，然后将上碗扣沿限位销扣下，并顺时针旋转，靠上碗扣螺栓旋面使之与限位销顶紧，将

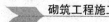

横杆与立杆牢固地连在一起，形成框架结构。

单排脚手架中横向横杆的一端与立杆连接固定，另一端采取带有活动的夹板将横杆与建筑结构或墙体夹紧。

（2）检查。碗扣式钢管脚手架底层的第一步搭设十分关键，因此要严格控制搭设质量，当组装完第一步横杆后，应进行检查。检查并调整水平框架（同一水平面上的4根横杆）的直角度和纵向直线度，并检查横杆的水平度；逐个检查立杆底脚，不能有浮地松动现象；检查所有的碗扣接头，并予以锁紧。

3. 安装斜杆和剪刀撑

斜杆可采用碗扣式钢管脚手架的配套斜杆，也可以用钢管扣件代替。当用碗扣式系列斜杆时，斜杆应尽可能设置在框架结点上斜杆接头同横杆接头装在同一碗扣接头内，称为节点斜杆。若斜杆不能设置在节点上时，应呈错节布置，装成非节点斜杆。

利用钢管和扣件安装斜杆时，斜杆的设置可更加灵活，可不受碗扣接头内允许装设杆件数量的限制（特别是安装竖向剪刀撑、纵向水平剪刀撑时），此外，这种用钢管和扣件安装斜杆还能改善脚手架的受力性能。

（1）横向斜杆（廊道斜杆）。在脚手架横向框架内设置的斜杆称为廊道斜杆。高度30m以内的脚手架可不设廊道斜杆；高度30m以上的脚手架，每隔5~6跨设一道沿全高的廊道斜杆；高层建筑脚手架和重载脚手架，应搭设廊道斜杆；用碗扣式斜杆设置廊道斜杆时，在脚手架的两端框架可设置节点斜杆，中间框架只能设置成非节点斜杆。

（2）纵向斜杆。在脚手架的拐角边缘及端部，必须设置纵向斜杆，中间部分则可均匀地间隔分布，纵向斜杆必须两侧对称布置。

脚手架中设置纵向斜杆的面积与整个架子面积的比值要求见表2-12。

表2-12　斜杆的面积与架子面积的比值

架高	<30m	30~50m	>50m
设置要求	>1/4	>1/3	>1/2

（3）竖向剪刀撑。竖向剪刀撑的设置应与纵向斜杆的设置相配合。

①高度在30m以下的脚手架，可每隔4~6跨设一道（全高连续）剪刀撑，每道剪刀撑跨越5~7根立杆，在剪刀撑的跨内可不再设碗扣式斜杆。

②30m以上的高层建筑脚手架，应沿脚手架外侧全高方向连续布置剪刀撑，在两道剪刀撑之间设碗扣式纵向斜杆。

4. 设置连墙件(连墙撑)

(1)连墙件构造。连墙件的构造有3种:

①砖墙缝固定法。在砌筑砖墙时,预先在砖墙缝内埋入螺钉,然后将脚手架框架用连接杆与其相连。

②混凝土墙体固定法。按脚手架施工方案的要求,预先埋入钢件,外带接头螺栓,脚手架搭到此高度时,将脚手架框架与接头螺栓固定。

③膨胀螺栓固定法。这种方法是在结构物上,按设计位置用射枪射入膨胀螺栓,然后将框架与膨胀螺栓固定。

(2)连墙件设置要求。

①连墙件必须随脚手架的升高,在规定的位置上及时安装,不得在脚手架搭设完后补安装,也不得任意拆除。

②在一般风力地区连墙件可按四跨三步(约30~40m)内设置一个,当脚手架超过30m时,底部连墙件应适当加密。

③单排脚手架要求在二跨三步范围内设置一个。

④在建筑物的每一楼层都必须设置连墙件。

⑤连墙撑的布置尽量采用梅花状布置,相邻两点的垂直间距不大于4.0m,水平距离不大于4.5m。

⑥凡设置宽挑梁、提升滑轮、高层卸荷拉结杆及物料提升架的地方均应设连墙撑。

⑦凡在脚手架设置安全网支架的框架层处,必须在该层的上、下节点各设置一个连墙件,水平距每隔两跨设置一个连墙件。

⑧连墙撑安装时要注意调整脚手架与墙体间的距离,使脚手架保持垂直,严禁向外倾。

⑨连墙撑应尽量与脚手架、墙体保持垂直。偏角范围不得超过15°。

5. 脚手板安放

脚手板除在作业层设置外,还必须沿高度每10m设置一层,以防高空坠落物伤人和砸碰脚手架框架。当脚手板使用普通的钢、木竹脚手板时,横杆应采用搭边横杆,脚手板的两端必须嵌入边角内,以减少前后窜动。当脚手板采用碗扣式脚手架配套设计的钢脚手板时,脚手板的挂钩必须完全落入横杆上,不允许浮动。

6. 接立杆

立杆的接长是靠焊于立杆顶部的连接管承插而成。立杆插入后,使上部立杆底端连接孔同下部立杆顶部连接孔对齐，插入立杆连接销锁定即可。安装横杆、斜杆和剪刀撑，脚手架的垂直度一般通过调整底部的可调底座、垫薄钢片、调整连墙撑的长度等来达到。

7. 斜道和人行架梯安装

（1）斜道安装。作为行人或小车推行的斜道，一般规定在1800mm跨距的脚手架上使用，坡度为1:3，在斜脚手板的挂钩点必须增设横杆。而在斜道板框架两侧设置横杆和斜杆作为扶手和护栏。

（2）人行架梯安装。人行架梯设在1.8m×1.8m的框架内，架梯上有挂钩，可以直接挂在横杆上。架梯宽为540mm，一般在1.2m宽的脚手架内布置成折线形，在转角处铺脚手板作为平台，在脚手架靠梯子一侧安装斜杆和横杆作为扶手。

（3）简易爬梯。当脚手架设置人行架梯的条件受限制时，可设置简易挑梁爬梯，为简易爬梯的两种形式，但此时应在爬梯两侧增设防护栏杆和安全网等防护措施。

8. 安全网、扶手安装

安全网与扶手设置参考扣件式脚手架，碗扣式脚手架配备有安全网支架件，其可直接用碗扣接头固定在脚手架上，安装极方便。

（五）脚手架的检查、验收和使用安全管理

落地碗扣式钢管脚手架搭设质量的检查、验收（在施工现场进行安全检查时，采用检查评分表）及使用的安全管理，可参照落地扣件式钢管脚手架相关规定。

学习任务三　砖墙砌筑管理和施工方案的编制

学习目标

通过本单元知识的学习，了解墙体工程量的计算，能够进行施工成本核算；能够独立学习和工作，能够进行交流，并有团队合作精神与职业道德；能够科学地进行砌筑管理；砌筑施工方案的编制。

学习任务

参与多层办公楼施工管理和施工方案的编制。

任务分析

学生在学习参与多层办公楼施工管理和施工方案的编制的过程中，应了解材料量、人工数、工期的计算方法，砖墙的各种砌筑中各工序、工种的冲突，技术交底的编写内容。

任务实施

（一）砌筑管理

砌筑管理就是把工人、劳动手段和劳动对象三者科学地结合起来，进行合理分工、搭配、协作，使之能够在劳动中发挥最大效率，通过科学管理的手段、采用先进施工工艺和操作技术，优质快速均衡安全地完成生产任务，故是一项综合性管理。砌筑是两个文明建设、培养和锻炼工人队伍的主要阵地。工人队伍的培训，许多方面是通过岗位练兵、学徒培训等方式在班组进行的。

1. 砌筑管理内容

（1）根据施工计划，有效地组织生产活动，保证全面完成上级下达的施工任务。

（2）坚持实行和不断完善以提高工程质量、降低各种消耗为重点的经济责任制和各种管理制度，抓好安全生产和文明施工及维护施工所必需的正常秩序。

（3）积极组织职工参加政治、文化、技术、业务学习，不断提高班组成员的政治思想水平、技术水平，增加工作责任心，提高班组的集体素质和人员的个人素质。

（4）广泛开展技术革新和岗位练兵活动，开展合理化建议活动，并努力培养"一专多能"的人才和操作技术能手。

（5）积极组织和参加劳动竞赛，扩大眼界，学习技术，在组内开展比、学、赶、帮活动。

（6）加强精神文明建设，搞好团结互助。

（7）开展和做好砌筑班组施工质量和安全管理。

（8）开好砌筑班组会，善于总结工作积累原始资料，如砌筑班组工作小组、施工任务书、考勤表、材料限额领料单、机械使用记录表、分项工程质量检验评定表等原始资料。

2. 砌筑班组的各项管理

（1）生产计划管理。班组计划管理的内容有以下两个。

①施工班组接受任务后，向班组成员明确当月、当旬生产计划任务，组织成员熟悉图纸、工艺、工序要求，质量标准和工期进度，准备好所需要使用的机具和工程用的材料等，为完成生产任务做好一切准备工作。

②组织砌筑班组成员实施作业计划，抓好砌筑班组作业的综合平衡和劳动力调配。

(2)砌筑班组的技术管理。

①施工人员进行技术交底。在单位工程开工前和分项工程施工前，施工员均要向砌筑班组长和工人进行技术交底，这是技术交底最关键的一环。交底的主要内容有：

• 贯彻施工组织设计、分部分项工程的有关技术要求。

• 将采取的具体技术措施和图纸的具体要求。

• 明确施工质量要求和施工安全注意事项。

在施工员交底后，砌筑班组长应结合具体任务组织全体人员进行具体分工，明确责任及相互配合关系，制订全面完成任务的砌筑班组计划。

②砌筑班组技术管理工作。砌筑班组的技术管理工作，主要由砌筑班组长全面负责，主要内容如下：

• 组织组员学习本工种有关的质量评定标准，施工验收规范和技术操作规程，组织技术经验交流。

• 学懂设计图、掌握工程上的轴线、标高、洞口等位置及其尺寸。

• 对工程上所用的砂、石、砖、水泥等原材料质量及砂浆、混凝土配合比，如发现有问题，应及时向施工员反映，严格把好材料质量使用关。

• 积极开动脑筋、找窍门、挖潜力、小改小革、提合理化建议等，不断提高劳动生产率。

• 保存、归集有关技术交底，质量自检及施工记录、机械运转记录等原始资料，为施工员收集工程资料提供原始依据。

(3)砌筑班组的质量管理。砌筑施工班组质量管理的主要内容有：

①树立"质量第一"和"谁施工谁负责工程质量''的观念，认真执行质量管理制度。

②严格按图样、施工验收规范和质量检验评定标准施工，确保工程质量符合设计要求。

③开展班组自检和上下工序互检工作，做到本工序不合格不叫下道工序施工。

④坚持"五不"施工，即质量标准不明确不施工；工艺方法不符合标准不施工；机具不完好不施工；原材料不合格不施工；上道工序不合格不施工。

⑤坚持"三不"，即质量事故原因没查清不放过；无防范措施或未落实不放过；事故负责人和群众没有受到处罚不放过。

(4)砌筑班组的安全管理。砌筑工施工操作，现场环境复杂，劳动条件较差，不安全不卫生的因素多，所以安全工作对施工班组尤为重要，为此施工班组要做好如下几项安全工作：

①项目上施工员在向班组进行技术交底的同时，必须要交代安全措施，班组长在布置生产任务的同时也必须交代安全事项。

②砌筑班组内设立兼职安全员，在班前班后要讲安全，并要经常性地检查安全，发现隐患要及时解决，思想不得麻痹。

③定期组织班组人员学习安全知识，安全技术操作规程和进行安全教育。

④严格实行安全施工，认真执行有关安全方面的法规。

(5)砌筑班组经济核算、经济分配与民主管理。

①砌筑班组的原始记录主要是任务书上的各项内容，包括实际完成工程量、实际用工数、质量与安全情况、考勤表、限额领料单、节余退回量、机械使用台班、工具消耗量、周转材料的节约或超量等原始记录。这些原始资料，由班组核算员分工负责记录，并由核算员负责班组内部的初步核算，这些资料是向施工队结算的依据，也是班组民主分配的基础。原始资料一定要实事求是，真实可靠。

②砌筑班组经济分配是班组管理的一项重要内容，它关系到每个工人的切身利益。班组经济分配合理与否，将影响班组人员内部的团结，影响各组员的生产劳动积极性，给完成任务带来不同的后果。

目前的工资形式，主要有计时工资与计件工资两种，计时工资级别上班组长与组员双方协商决定日工资多少，或实行同工同酬；计件工资按完成工程量多少，兼顾质量、安全情况支付工资。一般先发给组员每月的生活费，最后一次付清。

为了分配合理，搞好班组分配，重要的是要集体研究商定实行民主管理，做到五个公开，即报酬的来源公开、报酬的数量公开、考勤公开、分发依据和办法公开，每个人所得报酬的数分开，并做表登记、签字认领、上报备查和公布于众。

③民主管理。砌筑班组的民主管理是搞好班组管理的一种基本有效办法。

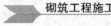

班组长是整个组织人员的领头人，必须发扬民主的工作作风，要放手发动群众，调动大家的积极性，充分发挥主观能动作用，才能达到提高劳动生产率和经济效益的目的。

3. 砌筑工与其他工种的关系

房屋建筑施工是一项综合性很强的工作，工序多，涉及的工种也多，而工种间相应穿插的情况也多，砌筑在工作中常会与木工、钢筋工、混凝土工、架子工、水暖工、电工等工种发生生产的配合和交叉。砌筑工种与其他工种的协作配合是相当重要的，因而在进度上砌筑和其他工种是需要紧密配合的。另外，砌筑质量应符合 GB 50203—2002《砌体工程施工质量验收规范》和 GB 50300—2001《建筑工程施工质量验收统一标准》的要求。如果砌筑砖墙垂直偏差大，墙面不平整，造成粉刷厚度增加，这样既增加了抹灰工的工作量，又浪费了施工材料；如果门窗口留得过大，使两侧的粉刷量增多，门窗口留小又要凿墙，增加人工费并给门窗安排带来困难；如果每层砖墙砌筑层高的标高不够，会给木工支模带来困难；如果各工种都能按标准施工，这样才能使工程质量有所提高，这既是处理工种关系的渠道，也是班组协作管理的一项重要内容。

4. 砌筑时要保持清洁，文明操作

当砌混水墙时要当清水墙砌。每砌至 10 层砖高（白灰砂浆可砌完一步架），墙面必须用刮缝工具划好缝，划完后用笤帚扫净墙面。在铺灰挤浆时注意墙面整洁，不能污损墙面。砍砖头不要随便往下砍扔，以免伤人。落地灰要随时收起，做到"工完、料净、场清"，确保墙面清洁美观。

综上所述，砌砖操作要点概括为："横平竖直，注意选砖，灰缝均匀，砂浆饱满，上下错缝，咬槎严密，上跟线，下跟棱，不游顶，不走缝"。

总之，要把墙砌好，除了要掌握操作的基本知识、操作规则以及操作方法外，还必须在实践中注意练好基本功，好中求快，逐渐达到熟练、优质、高效的程度。

（二）墙体施工方案的编制

一、工程概况及特点

（一）工程简介

本工程为宿迁中等专业学校实训楼。占地面积为 1585.12 平方米，建筑面积为 6686.53 平方米，本工程抗震设防烈度为 7 度，建筑结构安全等级为二级，建筑耐火等级为二级，建筑结构使用年限为 50 年。±0.00 以下为 MU10 页岩砖，M10 水泥砂浆砌筑；±0.00 以上为 MU15 加气混凝土块，M7.5 混合砂浆砌筑。

（二）工程特点与难点

由于工期紧、任务重，在短期内投入大量人力、物力、财力，如何合理安排，对施工单位的工程施工管理水平是一个严峻的考验。

（三）施工方案编制依据与原则

1. 编制依据

（1）宿迁中等专业学校相关工程相关资料。

（2）施工图纸。

（3）国家、行业、地方现行有关施工规范、规程及法规。

（4）我公司企业内部管理标准。

（5）本公司以往承担类似工程的建设经验。

（6）依据合同进行施工。

2. 编制原则

（1）积极响应业主的各项要求，确保工期、质量、安全目标的实现。

（2）在总体部署和资源配置上尽量做到科学、优化、充沛。

（3）在具体施工方案上尽量做到先进、合理，编制上突出重点。

为工程着想，为业主负责，积极向业主提出合理化建议。

二、施工总体部署与施工进度计划

（一）施工部署

施工部署指导思想全面贯彻 ISO9001 标准，严格按照《质量保证手册》、《程序文件》要求运作，确保达到质量管理目标，再展铁军风采。发挥本公司自身的优势，加强科学管理，配备充足机械，运用先进、成功的施工技术，确保合同内容全面按期完成。

针对本工程的特点，基础施工能否按计划完成，将影响钢结构安装，影响整个工期的实现，冬季施工需投入大量财力、物力。所以我们将配备充足人力，配备足够的施工机具，精组织、细施工，达成业主的工期与进度要求。

（二）施工进度计划

墙体砌筑开工时间：2011 年 9 月 28 日。

墙体砌筑完工时间：2011 年 11 月 15 日。

三、施工准备

(一)技术准备

施工图样是否完整和齐全；施工图样是否符合国家和行业的法律、法规、规范、标准的规定，以及业主的要求。施工图样与其说明书在内容上是否一致；施工图样及其组成部分间有无矛盾和错误。建筑图与其相关的结构图，在尺寸、坐标、标高和专业图样是否一致，技术要求是否明确。建立健全施工、技术、质量、安全等管理体系，严格各项管理制度的执行，配备足够的各级、各专业、各岗位管理人员，实施全方位的规范管理。根据工程规模、结构特点和建设单位要求，编制基础施工方案，上报、审批后，逐级对施工人员进行技术交底。

(二)现场准备

1. 施工现场控制网测量

根据给定的永久性坐标和高程，设置本工程的平面与高程控制网，并做好明显标识和围护。

2. 做好"三通一平"

(1)确保施工现场水通(给水和场地排水)、电通、道路畅通、场地平整；按消防要求，设置足够的消防设施，污水排放要取得有关部门许可。

(2)施工场地内有无地下障碍物、有无地下管线等要取得业主相关部门的确认后方可开挖。

(3)项目施工作业中，如发现文物，应停止作业，保护现场，并会同业主有关部门报当地文物管理机关。

(4)建筑垃圾、渣土应在指定地点堆放，经常进行清理，现场应根据需要设置机动车辆冲洗设施。

3. 建造临时设施

根据施工要求，按照业主批准的实施方案建造各项临时设施，为正式开工做好准备。

4. 组织施工机具进场

根据施工机具需要量计划，组织施工机具进场，并应进行相应的保养和试运转等项工作。

(三)物质准备

物资准备内容:

(1)建筑材料准备。根据施工预算的材料分析和施工进度计划的要求,编制建筑材料需要量计划,为施工备料、确定仓库和堆场面积以及组织运输提供依据。

(2)建筑施工机具准备。根据施工方案和进度计划的要求,编制施工机具需要量计划,为组织运输和确定机具停放场地提供依据。

(四)机械设备、工具准备

1. 机械

机械包括切割机、搅拌机、磅秤、垂直运输设备。

2. 工具

工具包括夹具、手锯、灰斗、吊篮、大铲、小撬棍、手推车、拖线板、线坠、皮数杆、小白线、卷尺、靠尺、小平尺、灰槽。

四、管理措施

提前组织项目技术人员,学习并熟悉施工图纸,对于施工班组做好施工交底工作,严格控制质量,确保一次性验收合格。

做好各班组的协调工作,各班组做好工序衔接,保证流水施工的正常紧凑进行,防止窝工、拖延等情况的发生。

根据工期和施工质量要求和各施工班组签订施工责任书,对于保质保量完成工作任务的进行及时奖励。

根据工程的进度,及时组织相关人员和充足的劳动力,进行合理安排,提前控制,以保证工程任务的顺利完成。

五、主要施工方案

(一)墙体砌筑

加气混凝土砌块的砌筑,必须严格遵守国家标准《砌体工程施工质量验收规范》(GB 50203—2002)技术指标要求。

合理安排好工期,不可盲目赶工。如有可能,应尽量避免在常年雨季期间砌筑。

为消除主体结构和围护墙体之间由于温度变化产生的收缩裂缝,砌块与墙柱相接处,须留拉结筋,竖向间距为 500～600mm(根据所选用产品的高度规格决定),压埋 $2\phi6$ 钢筋,两端伸入墙内不小于800mm;另每砌筑 1.5m 高时应采用 $2\phi6$ 通长钢筋拉结,以防止收缩拉裂墙体。

在跨度或高度较大的墙中设置构造梁柱。一般当墙体长度超过5m时，可在中间设置钢筋混凝土构造柱；当墙体高度超过3m（≤120厚墙）或4m（≥180厚墙）时，可在墙高中腰处增设钢筋混凝土腰梁。

在窗台与窗间墙交接处是应力集中的部位，容易受砌体收缩影响产生裂缝，因此，宜在窗台处设置钢筋混凝土现浇带以抵抗变形。门窗洞口上部的边角处也容易发生裂缝和空鼓，此处宜用圈梁取代过梁。

加气混凝土外墙墙面水平方向的凹凸部位（如线脚、雨罩、出檐、窗台等），应做泛水和滴水，以避免积水。

砌筑前按砌块尺寸计算好皮数和排数，检查并修正补齐拉结钢筋。可在墙根部预先浇筑一定高度的与墙体同厚的素混凝土，目前常用的做法是砌两皮红砖，使最上一皮留出大约20mm高的空隙，以便采用与原砌块同种材质的实心辅助小砌块斜砌，挤紧顶牢。

由于不同干密度和强度等级的加气混凝土砌块的性能指标不同，所以不同干密度和强度等级的加气混凝土砌块不应混砌，加气混凝土砌块也不应与其他砖、砌块混砌。

严格控制好加气混凝土砌块上墙砌筑时的含水率。按有关规范规程规定，加气混凝土砌块施工时的含水率宜小于15%，对于粉煤灰加气混凝土制品宜小于20%。加气混凝土的干燥收缩规律表明，含水率在10%~30%之间的收缩值比较小（一般在0.02~0.1mm/m）。根据经验，施工时加气混凝土砌块的含水率控制在10%~15%比较适宜，砌块含水深度以表层8~10mm为宜，表层含水深度可通过刀刮或敲上个小边观察规律，按经验判定。通常情况下在砌筑前24小时浇水，浇水量应根据施工当时的季节和干湿温度情况决定，由表面湿润度控制。禁止直接使用饱含雨水或浇水过量的砌块。

每日砌筑高度控制在1.4m以内，春季施工每日砌筑高度控制在1.2m以内，下雨天停止砌筑。砌筑至梁底约200mm左右处应静停7天后待砌体变型稳定后，再用同种材质的实心辅助小砌块斜砌挤紧顶牢。

砌筑时灰缝要做到横平竖直，上下层十字错缝，转角处应相互咬槎，砂浆要饱满，水平灰缝不大于15mm，垂直灰缝不大于20mm，砂浆饱满度要求在90%以上，垂直缝宜用内外临时夹板灌缝，砌筑后应立即用原砂浆内外勾灰缝，以保证砂浆的饱满度。墙体的施工缝处必须砌成斜槎，斜槎长度应不小于高度的2/3。墙体砌筑后，做好防雨遮盖，避免雨水直接冲淋墙面；外墙向阳面的墙体，也要做好遮阳处理，避免高温引起砂浆中水分挥发过快，必要时应适当用喷雾器喷水养护。

在砌块墙身与混凝土梁、柱、剪力墙交接处，以及门窗洞边框处和阴角处钉挂10mm×10mm网眼大小的钢丝网，每边宽200mm，网材搭接应平整、连接牢固，搭接长度不小于100mm。

在墙面上凿槽敷管时，应使用专用工具，不得用斧或瓦刀任意砍凿，管道表面应低于墙面4~5mm，并将管道与墙体卡牢，不得有松动、反弹现象，然后浇水湿润，填嵌强度等同砌筑所用的砂浆，与墙面补平，并沿管道敷设方向铺10mm×10mm钢丝网，其宽度应跨过槽口，每边不小于50mm，绷紧钉牢。

页岩砖在进场时要达到28天养护强度标准，进场后要分规格，分垛堆放，并对页岩砖外观检查，对长宽超出±3mm，高度超过+3mm，小于−4mm的砖不得上工作面，因页岩砖吸水率比普通黏砖小，因此要提前浇水、勤浇水。砌筑前清理干净基层，并按设计要求弹出墙体的中线、边线与门窗洞位置，并在墙的转角及两头设置皮数杆，皮数杆标志水准线，砌筑时从转角与每道墙两端开始。砌筑每楼层第一皮砖前，基层要浇水湿润然后用1:3水泥砂浆铺砌，砌筑方式采用梅花丁砌筑，在转角处采用"七分头"组砌，砌筑当中的"二寸碴"用无齿锯切割页岩砖，解决模数不符处砌体组砌问题。构造柱、圈梁窗台板处的砌筑，由于页岩砖比普通黏土砖多半层高度，施工时采用先三退、后三进的方法留置罗汉槎，在圈梁位置与窗台板处满丁满条砌两皮砖，解决页岩砖孔多，砼振捣不实及砼浪费问题。每皮砖砌筑时要对应皮数杆位置，在墙体转角和交接处同时砌筑，每块砖砌筑时要错缝搭接，不得有通缝现象，砌上墙的砖不得进行移动和撞击，若需校正则应重新砌筑，在砌筑完之后，要及时将砖缝进行清理，将砖缝划出深0.5mm深槽，以便抹灰层与墙体黏结牢固。灰缝的控制，页岩砖灰缝控制在10mm左右，这样有利于页岩多孔砖与页岩标砖的模数相符，砌体横缝砌筑时满铺砂浆，立缝采用大铲在小面上打灰，砖放好之后再填灰的方法。砌体的砌筑高度，应根据气温、风压墙体部位进行分别控制，一般砌筑高度控制在1.8m左右。

（二）抹灰工艺

（1）加气混凝土墙抹灰工艺流程：清除墙面浮灰→修正补平勾缝→洒水湿润基层→做灰饼→必要部位挂网处理→1:1水泥砂浆或建筑用胶水泥浆拉毛墙面→抹底层灰→抹中层灰→抹面层灰→清理。

（2）抹灰的时间应控制在砌筑完成的7天以后进行，如遇到雨季施工时，砌筑完成和抹灰之间的间隔时间要视墙面的干燥程度适当延长。

（3）抹灰前应先用钢丝刷将墙面满刷一遍，清除影响砂浆与墙面黏附力的松散物、浮灰和污物，随后浇水润湿墙面，将剩余的粉状物冲掉。为避免抹灰砂浆厚薄差异太大而引起开裂、空鼓，应将墙面低凹处修正补平。抹灰前检查灰缝，将饱满度不够的灰缝补满。

（4）抹灰前墙面应保持湿润，含水率保持在10%～15%左右，抹灰前可先隔夜对墙面淋水2～3次，具体情况要视当时的气候来定。一般来说春季湿度大，墙体本身含水率高，只需稍为淋湿墙面即可，遇到高温和干燥的天气，则要适当加大淋水量。

（5）抹灰砂浆的选用应与加气混凝土砌块材质相适应，保水性要好，宜选用加气混凝土专用抹灰砂浆，也可选用水泥石灰砂浆，有条件的工地可在砂浆中添加有机或无机塑化剂，以增加砂浆的保水性和黏结能力。砂浆强度的选择宜由内到外从低到高过渡，以兼顾基层材料和外部饰面的要求。

（6）抹底层灰前先进行基面处理，可选用1:1水泥砂浆或建筑用胶水泥浆拉毛墙面，或者使用专用界面剂作基面处理。基面处理完后在基面处理材料干燥凝固前即抹底层灰。

（7）底层灰的强度和膨胀系数应与基层相当，可选用强度较低的1:1:6水泥石灰砂浆，同时适当提高砂浆配合比中的中粗砂和砂的比率，以减少砂浆的干燥收缩。底层灰要用抹子刮上墙，厚度在5mm以内，带有一定压力的砂浆被挤进孔或缝内形成犬牙交错的连接，既有利于抹灰层与墙面的共同工作，又能使底灰适应基层的变形。

（8）底层灰稍干后检查无空鼓、裂纹现象后，即进行中层抹灰，厚度宜在7～9mm，砂浆可选用1:1:4的水泥混合砂浆，若中层抹灰过厚，则应分层涂抹，每层时间间隔在24小时以内。待中层抹灰达70%干后，即可抹面层灰，抹灰时须压实抹光。

（9）抹灰完成后，要做好防雨遮盖，避免雨水直接冲淋墙面，受日照直射墙体，要做好遮阳处理，必要时用喷雾器喷水养护。

以上措施可最大限度减少墙体裂缝，考虑到产生裂缝的原因有很多，针对裂缝扩展速度大部分集中在工程竣工1~2年内的情况，如检查中发现，修补的工作最好集中在此时段进行。

六、质量保证体系及措施

（一）墙体砌筑施工质量保证措施

墙体砌筑施工质量控制要点（见下表）。

设计交底、施工图会审	设计特殊要求，施工图存在问题，材料代用等问题讨论
材料检查	检查材料合格证，材料复试报告，材料规格型号符合设计
施工人员检查	特殊工种上岗证
施工方案审查	施工进度，施工机具，施工技术措施，质量保证措施，劳动力配备等
交工技术文件	交工技术文件数据准确，会签齐全，质量评定资料完善，质量目标合格

（二）墙体施工质量通病预防措施

加气混凝土裂缝、抹灰层起壳、龟裂的原因和解决方法。

随着墙体改革的逐步深入、黏土砖的逐渐退出，加气混凝土的应用越来越广泛，已成为填充墙及自保温的主要墙体材料。但在加气混凝土的应用中，存在一些问题影响建筑的质量，在一定程度上影响加气混凝土这一新型墙体材料的发展，采用一些配套材料和合适的应用技术，将加气混凝土应用中存在的问题加以解决，对提高建筑物的工程质量及推广加气混凝土这一新型墙体材料具有重要意义。

1. 加气混凝土应用中存在的主要问题

（1）裂缝：界面缝，收缩缝。

（2）抹灰（粉刷）层起壳、龟裂。

（3）较难用于外墙及卫生间等潮湿部位。

2. 加气混凝土产生问题的原因分析

（1）吸水率大，表面强度低，导热系数小。

（2）干燥收缩率大：粉煤灰加气 0.6~0.7mm/m，砂加气 0.5~

0.6mm/m。

裂缝的发生与否主要是看拉应力与抗拉强度的相互关系。

加气混凝土拉应力估算：100mm 厚、100mm 高时，拉应力为 300～500kg；墙高 2.8m 时，整墙高拉应力为 8.4～14T。加气砼抗拉强度估算：$R_L = 0.3～0.4$MPa，墙高 2.8m，整墙高抗拉应力为 8.4～11.2T，如果砌筑不均匀，抗拉强度可能还低。

当拉应力＞抗拉强度时，出现裂缝。吸水率大、表面强度低、导热系数小是引起抹灰层（砂浆）龟裂、起壳的主要原因：

• 吸水率大：不利于砂浆中水泥的水化，砂浆强度降低。

• 表面强度低：使得砂浆与砌块表面的粘结力降低。

• 导热系数小：与砂浆之间的热性能差异大，由温差引起的砌块与砂浆之间的应力较大（热冲击大）。

综合以上因素，使得抹灰（粉刷）层龟裂、起壳等。

解决问题的方法如下。

①收缩裂缝的解决方法：

• 注意养护期，出釜后存放适当时间再上墙。

• 上墙后，间隔较长时间再做批嵌或粉刷。

• 减小构造柱间距及改变构造柱形式（构造柱与砌块不宜用马牙岔连接）。

• 顶部及两边宜用柔性连接。

②抹灰层起壳，龟裂的解决方法：降低砂浆容重，减小砂浆强度，使导热、传热接近，减小应力，即减小热冲击。

③干作业施工。优点：干作业砌筑，施工速度快，质量好。粘结剂比砂浆收缩小，不易开裂。墙面直接采用底批及面批，批嵌材料与基体粘结好。材料本身不易开裂，两种材料之间的应力较小，采用干作业法与局部柔性处理，可基本解决墙体的裂缝与抹灰层起壳等常见问题。

④用于外墙的问题及解决方法：外墙由于温度变化较大，热冲击较大，粉刷砂浆易开裂，起壳并引起渗水。加气混凝土砌块在施工过程要注意一定的规范标准，施工细节要有一定要求，加气混凝土砌块被广泛用到各种建筑行业，是施工过程中为防止混凝土发生裂缝发生，

要注意以下内容。

● 建筑过程中往往需要不同材质的材料，最常见的就是混凝土砌块和钢筋，钢筋在使用过程中往往形成一些填充的物料，这样轻质加气混凝土砌块与钢筋混凝土砌块属不同材质的材料，由于物理性能差异引起的墙体裂缝不可避免，但如果规范施工，精选材料还是可以将裂缝减少到最低程度。

● 砌块在制造过程中因为内部张力和外部压力，容易产生砌块裂纹，这个是属于自身砌块裂纹，往往被证明为不合格品，同样在混凝土砌块使用过程中，或许用的时候没有裂纹但是经水浇注，又产生收缩这样裂纹就产生了。所示在要施工时加气混凝土砌块的含水率要控制在 15% 以下，砌块砌筑前 24 小时浇水湿润，砌筑面要达到饱和面干状态。

● 工程在堆建过程中，并不是越快越好，尤其是砌块建筑，每天的工作量要控制，每天砌筑高度应控制在 1.5m 以下，砌块搭接尺寸按标准控制，不得使用破损砌块，不得用瓦刀等断切砌块，应用专用工具切割，应使用同一批号的混凝土砌块砌筑同一面墙体。当砌块墙体长度大于 5m 时应加构造柱、拉结筋，高度大于 4m 时加圈梁，墙体与梁、板、柱结合处加钢丝网片。

七、安全保证体系及措施

安全管理方针和目标

1. 安全管理方针

坚持"安全第一，预防为主"的安全管理总方针。

坚持各级领导"管生产必须管安全"的原则，建立以项目经理为首的安全施工组织保证体系，全面落实安全生产责任制，确保施工现场的人身和财产安全。贯彻执行"五同时"、"三不准"和"四不放过"的规定。提高预防事故的控制能力，确保施工顺利进行。

严格执行国家、省（市），安全、文明施工、消防管理等有关规定，严格执行业主有关规定，杜绝重大恶性事故的发生。

2. 安全施工组织保证体系

本工程在本公司安全生产委员会领导下，实行项目经理负责制，各施工单位必须执行国家有关安全生产的法律法规，建立和完善安全组织保证体系。

(1)项目经理是安全生产第一责任人,对本项目的安全生产工作负全面领导责任,在项目部层层签订安全生产责任书。

(2)认真贯彻安全施工方针,贯彻执行国家、地方和上级部门颁布的有关安全生产、文明施工的政策和法规。

(3)确定恰当的资源配备,明确工程项目部各部门(岗位)的安全管理职责和职权。

(4)制定和执行本工程项目部的安全管理目标、安全生产管理办法,严格执行安全考核指标和安全生产奖惩办法。

(5)全面负责项目部安全生产组织保证体系的建立、实施、保持和改进。

(6)严格执行安全技术措施审批和施工安全技术措施的交底制度。

(7)授权安全员行使安全管理中的监督、检查、指导和考核职权,并保证其正确行使安全管理职能而不受干预。

(8)定期组织安全生产检查和分析,针对可能产生的安全隐患制定相应的预防措施。

(9)当施工过程中发生安全事故时,项目经理必须按安全事故处理的有关规定和程序及时上报和处置,并制定防止同类事故再次发生的措施。

3. 安全保证措施

(1)贯彻各项安全技术规范、规程,组织安全教育和安全活动,组织安全设施的落实和验收。

(2)施工前进行安全技术交底,严管施工全过程的安全控制、检查、督促操作人员遵守安全操作规程,并做好记录。

(3)参与定期组织的安全和文明施工检查掌握安全动态,发现事故隐患及时采取纠正和预防措施。向施工单位下达隐患整改通知单并跟踪验证。

(4)禁止违章作业,严格安全纪律,当安全与施工发生矛盾危机及安全时,禁止冒险作业。

(5)确保用品质量和施工人员的正确使用。

(6)检查安全标牌是否按规定设置,标识方法和内容方法是否正确完整。

（7）组织班组开展安全活动，召开上岗前安全生产会，针对当天施工任务提出安全注意事项。

（8）进入现场的施工人员，必须遵守国家颁布的安全技术及施工法规，认真执行《冶金建筑安装工人技术操作规程》（YB 10253-105）。

（9）施工现场临时用电设施必须符合 GB 501104-103《建设工程施工现场供用电安全规范》和《施工现场临时用电安全技术规范》的规定。各种电器、设备等要定期检查、维修，以保证安全运转。

八、文明施工

文明施工是施工现场标准化工地建设的基础，是企业管理水平和职工素质的综合反应。抓好工程建设文明施工的全过程管理，是加快工程施工进度，提高工程施工质量，保证工程施工安全的重要途径。

（一）文明施工目标

本工程项目确定的文明施工目标为：争创省级文明工地、按照 ISO 14001 环境管理体系的要求组织施工。

（二）执行标准与依据

《建设项目环境保护管理办法》GFZ 12031

《厂容厂貌管理办法》GFZ 12030

《总图管理规定》BGZ 16097

《防火管理制度》GFZ 213013

《动火管理制度》GFZ 13015

《建设工程项目管理规范》GB/T 50326-2001

（三）建立文明施工管理体系

施工副总经理是文明施工管理的领导者，工程管理部是文明施工的归口管理部门。负责文明施工的制度建设、动态管理、组织文明施工的监督、考评及与业主文明施工管理部门的业务联系和沟通。施工项目部是文明施工的责任部门，贯彻执行国家、地方、业主、企业有关文明施工的各项管理制度和规定，实施本项目文明施工的日常管理，项目经理是本项目文明施工管理的第一负责人，项目部要明确一名副经理主抓文明施工工作，各工号专业负责人，负责本施工范围内的文明施工管理。

（四）治安保卫、消防措施

认真贯彻业主有关治安保卫消防的有关规定，认真贯彻执行"预防为主、防消结合"的方针，坚持"谁主管、谁负责"的原则，贯彻执行《中华人民共和国消防条例》，把治安保卫、防火工作纳入各班组、工段的日常工作中，做好施工现场保卫工作，采取必要的防盗措施。

（1）坚持治安保卫工作的三级安全检查制度，发现隐患及时整改堵塞漏洞。

（2）认真做好防盗、防火、防治安灾害事故工作，真正做到群治、群防，人人尽职尽责。

（3）要严格执行要害部位的管理办法，建立机构、明确分工、制定职责，加强值班守护和巡视。值班人员因工作不负责任，发生事故、造成损失，要追究责任。

（4）施工现场的物资、设备、工具、材料等要切实管理好，要专人管理，值班守卫，值班人员对本单位财物治安负有直接责任，必须严格履行职责。

（5）现场要明确划分用火作业区，易燃可燃材料堆放场、仓库、易燃废品集中点和办公区等，各区域之间间距要符合防火规定。

（6）施工现场仓库、木工棚及易燃易爆堆放（存）处等，应张贴（悬挂）醒目的防火标志。

（7）施工现场必须根据防火的需要配备符合要求的相应种类、数量的消防器材、设备和设施。保持完好的备用状态，并安排消防通道。任何单位和个人都有责任维护消防设施，不准损坏和擅自挪用消防设备、器材，不准埋压和圈占消防间距，堵塞消防通道。

（8）项目部采取防冻、消毒、防毒的措施，加强职工健康防护。

（五）环境保护措施

遵守《中华人民共和国环境保护法》及业主厂容环境管理的有关规定，防止施工过程对环境污染，本工程环境管理体系活动按 GB/T 24001 环境管理体系的要求进行。

环境保护方针和承诺：

（1）环境管理与进度、质量、安全同为工程的优先事项。

（2）以先进的施工技术作为环境管理的支撑。

（3）重视业主和外界的评价，持续改进工作。

①在施工过程中，施工现场设专人监管，控制现场各种粉尘、废气、废水、有毒有害废弃物对环境的污染和危害。

②混凝土及砂浆采用集中搅拌，水泥运输采用密封式罐车。

③禁止将有毒有害废弃物作土方回填。

④防止施工噪声污染，施工现场应遵照《建筑施工场界噪声限值及其测量方法》（GB 12523 - 90）制定降噪的相应制度和措施。

⑤尽量减少建筑垃圾的数量，建筑垃圾指定堆放地点，并随时进行清理。

⑥建筑施工现场的厕所，应按现场人员数量考虑厕所的设置，要求封闭严密，通风良好，定期清除粪便。

九、冬季施工技术措施

（一）冬季施工措施

冬季施工必须做到安全生产，确保工程质量。冬季施工的措施方案尽量经济合理，并尽量减少能源消耗。已确定进入冬季施工的项目，在冬季施工材料、设备落实后，要保证施工力量，做到连续施工，避免造成不必要的浪费。根据各自工程特点及冬季施工信息的反馈情况，布置冬季施工原则及实施方针，编制冬季施工方案、技术培训。进入冬季施工前，各施工单位要对施工管理人员、测温人员和操作人员进行培训，考核合格后方可上岗。施工现场所有准备工作必须达到进入冬期施工的条件。现场生活设施做好入冬准备，并符合安全消防要求，未完成工序进入冬期施工前应停在合理部位。冬季施工计划管理，进入冬期施工前，将冬季施工准备工作项目、用工纳入生产计划和用工计划，并结合各级施工方案，统一安排生产计划。测温与保温管理。在整个冬期施工过程中，要组织专人进行测温工作，负责测温人员应将每天测温情况通知工地负责人，出现异常情况立即采取措施，测温记录最后由技术员归入技术档案，测温项目：每日实测室外最低、最高温度、砂浆温度。要加强安全消防管理、冬期施工检查、冬期施工管理工作。

（二）现场防御措施

砌筑前应清除红砖表面的污物、冰雪等，不得使用浸水受冻的红砖。

拌制砂浆所用的砂不得含有直径大于10mm的冻结块和冰块。

拌和砂浆时，水加热温度不得超过80℃，砂加热温度不得超过40℃，砂浆稠度较常温时适量加大。冬期施工的砖砌体应按"三一"砌筑法施工，灰缝厚度不得大于10mm。冬期施工每日砌筑后，应及时在砌筑表面进行草袋覆盖保护，砌体表面不得留存砂浆，在继续砌筑前应扫净砌体表面。

砂浆宜在暖棚内拌制，其搅拌时间不少于2分钟。根据热工计算，需将水和砂子加热时，加热温度应符合规定。砌体所用石料及砼预制块表面应清除冰雪，砂子应无冻块，并根据工程进度，提前将砂石材料运至暖棚内，石料和预制砼块表面与砂浆的温度差不宜超过20℃。砂浆的运送宜采用保温容器，途中不宜倒运。砂浆应随拌随用，每次拌量应在30分钟内用完。对已冻砂浆禁止使用。

砌体在暖棚内砌筑时，应符合下列要求：

（1）砌体的温度应在5℃以上，棚内地面处的温度不得低于5℃。

（2）砂和水加温拌制的砂浆，其温度不得低于15℃，砂浆的保温时间应以达到其抗冻强度的时间为准。

（3）养护期洒水养生，保持砌体湿润。

冬期施工前后，气温突然降低，对正在施工的砌体工程应采取以下的措施：

（1）用热水拌制砂浆，使砂浆温度不低于20℃。

（2）拌制砂浆速度应与砌筑进度密切配合，随拌随用。

（3）砌完部分用保温材料覆盖。

（4）为加速砂浆硬化，缩短保温时间，可在水泥砂浆中掺加氯化钙，其掺量应经过试验确定和按行业砌石施工规范执行。

学习情境三　填充墙的施工

学习目标

能组织房屋建筑填充墙施工。

技能目标与知识目标

（一）技能目标

1. 填充墙的施工组织。

2. 填充墙的质量检查验收。

3. 填充墙的安全施工。

（二）知识目标

1. 填充墙的构造。

2. 填充墙的工程用料。

3. 砌筑工艺。

学习任务

（一）填充墙的砌筑材

（二）填充墙的构造要求

（三）填充墙砌筑注意事项

（四）质量验收与评价

（五）填充墙施工方案的编制

学习任务一　填充墙的砌筑材料

学习目标

通过本单元知识的学习，使学生掌握砌体材料的种类和特性以及质量要求；

学会根据工程需要，合理选择填充墙的砌筑材料；掌握砌筑砂浆的种类和特点，以及技术要求。

学习任务

学习砌筑8m教学楼建筑外填充墙。

任务分析

学生在学习砌筑教学楼外填充墙的过程中，首先了解砌体材料的种类和特点；其次知道砌筑砂浆的种类和特点，并能够合理选用和确保质量合格。

任务实施

在框架结构、剪力墙结构中砌筑的围护结构，被称作填充墙。填充墙只承受自身荷载。

（一）多孔砖填充墙的砌筑材料

烧结多孔砖是指以黏土、页岩、煤矸石、粉煤灰为主要原料，经焙烧而成的多孔砖（见图3-1）。孔洞率不小于25%、孔的尺寸小而数量多，主要用于承重部位的砖简称多孔砖。烧结多孔砖按主要原料分为黏土多岩多孔砖、煤矸石多孔砖和粉煤灰多孔砖。

图3-1 多孔砖

（二）砌块填充墙砌筑材料

砌块是指砌筑用的人造块材，外形多为直角六面体，也有各种异形的。砌块系列中主规格的长度、宽度或高度有一项或一项以上分别大于365mm、240mm或115mm。但高度不大于长度或宽度的6倍，长度不超过高度的3倍。砌块系列中主规格高度大于115mm，而又小于380mm的砌块称为小型砌块，简称小砌块；最大尺寸为 1200mm、高 800mm，厚度分别为 180mm、240mm、370mm、490mm 的都称为中型砌块；大于中型规格尺寸的称大型砌块，如图 3-2 所示。

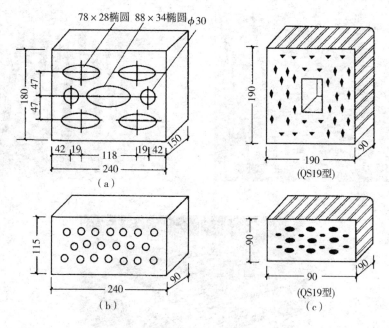

图 3-2　砌块规格

1. 普通混凝土小型空心砌块

普通混凝土小型空心砌块以水泥、砂、碎石或卵石、水等预制而成。

普通混凝土小型空心砌块主规格尺寸为 390mm × 190mm × 190mm，有两个方形孔，最小壁厚应不小于 30mm，最小肋厚应不小于 25mm，空心率应不小于 25%，如图 3-3 所示。

普通混凝土小型空心砌块按其强度，分为 MU5、MU7.5、MU10、MU15、MU20 这 5 个强度等级。

2. 粉煤灰小型空心砌块

粉煤灰小型空心砌块是以粉煤灰、水

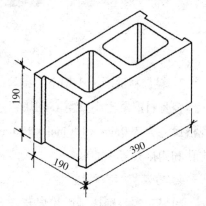

图 3-3　普通混凝土小型空心砌块

泥及各种骨料加水拌和制成的砌块。其中，粉煤灰用量不应低于原材料重量的 10%，生产过程中也可加入适量的外加剂调节砌块的性能。它具有轻质高强、保温隔热、抗震性能好的特点。

粉煤灰小型空心砌块按孔的排数，分为单排孔、双排孔、三排孔和四排孔4 种类型，如图 3-4 所示。其主规格尺寸为 390mm×190mm×190mm，其他规格尺寸可由供需双方协商确定。

（a） （b）

（c）

图 3-4　粉煤灰小型空心砌块

3. 轻骨料混凝土小型空心砌块

轻骨料混凝土小型空心砌块以水泥、轻骨料、砂、水等预制成的。砌块主规格尺寸为 390mm×190mm×190mm。按其孔的排数有：单排孔、双排孔、三排孔和四排孔等 4 类。

4. 粉煤灰实心砌块

粉煤灰实心砌块是以粉煤灰、石灰、石膏和骨料等为原料，加水搅拌、振动成型、蒸汽养护而制成的。粉煤灰实心砌块的主要规格尺寸为 880mm×380mm×240mm、880mm×430mm×240mm。砌块端面留灌浆槽，如图 3-5 所示。粉煤灰砌块按其抗压强度分为 MU10、MU13 两个强度等级。

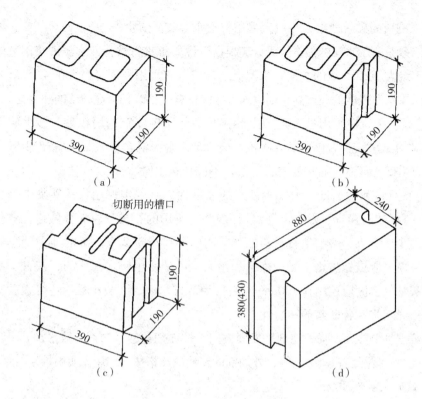

图 3-5　粉煤灰实心砌块

(三)填充墙的砌筑砂浆

砌筑砂浆是砌体的重要组成部分。它将砖、石、砌块等黏结成为整体,并起着传递荷载的作用。

1. 砌筑砂浆的分类

砂浆按组成材料不同可分为水泥砂浆、混合砂浆和非水泥砂浆 3 类。

(1)水泥砂浆。水泥砂浆是由水泥、细骨料和水配制的砂浆。

水泥砂浆具有较高的强度和耐久性,但保水性差,多用于高强度和潮湿环境的砌体中。

(2)混合砂浆。混合砂浆是由水泥、细骨料、掺加料(石灰膏、粉煤灰、黏土等)和水配制的砂浆,如水泥石灰砂浆、水泥黏土砂浆等。

水泥混合砂浆具有一定的强度和耐久性,且和易性、保水性好,多用于一般墙体中。

2. 砌筑砂浆的组成材料

(1)水泥。根据砂浆用途、所处环境条件选择水泥的品种。砌筑砂浆宜采用砌筑水泥、普通水泥、矿渣水泥、火山灰水泥和粉煤灰水泥。对用于混凝土

123

小型空心砌块的砌筑砂浆，一般宜采用普通水泥或矿渣水泥。

砌筑砂浆所用水泥的强度等级，应根据设计要求进行选择。水泥砂浆不宜采用强度等级大于32.5级的水泥；水泥混合砂浆不宜采用强度等级大于42.5级的水泥。如果水泥强度等级过高，则应加入掺混材料，以改善水泥砂浆的和易性。

（2）砂。砌筑砂浆用砂宜选用中砂，其中毛石砌体宜选用粗砂。砂中的含泥量，对于纯水泥砂浆和强度等级不小于M5的水泥混合砂浆，不宜超过5%；对于强度等级小于M5的水泥混合砂浆，不应超过10%。

（3）掺合料和外加剂。为改善砂浆的和易性，减少水泥用量，砂浆中可加入无机材料（如石灰膏、黏土膏等）或外加剂。所用的石灰膏应充分熟化，熟化时间不得少于7天；磨细生石灰粉的熟化时间不得少于2天。沉淀池中储存的石灰膏，应采取措施防止干燥、冻结和污染。严禁使用脱水硬化的石灰膏。所用的石灰膏的稠度应控制在120mm左右。为节省水泥、石灰用量，还可在砂浆中掺入粉煤灰来改善砂浆的和易性。

砌筑砂浆中掺入砂浆外加剂是发展方向。外加剂包括微沫剂、减水剂、早强剂、促凝剂、缓凝剂、防冻剂等，外加剂的掺量应严格按照使用说明书掺用。

3. 筑砂浆的性质

（1）和易性。和易性良好的砂浆便于操作，能在砖、石表面上铺成均匀的薄层，并能很好地与底层黏结。和易性良好的砂浆，既便于施工操作，提高劳动生产率，又能保证工程质量。砂浆和易性包括流动性和保水性。

①流动性。砂浆的流动性也叫做稠度，是指在自重或外力作用下流动的性能，用"沉入度"表示。沉入度大，砂浆流动性大，但流动性过大硬化后强度将会降低；若流动性过小，则不便于施工操作。

②保水性。新拌砂浆能够保持水分的能力称为保水性，用"分层度"表示；砂浆的分层度在10~20mm之间为宜，不得大于30mm。分层度大于30mm的砂浆，容易产生离析，不便于施工；分层度接近于零的砂浆，容易发生干缩裂缝。

（2）砂浆的强度。砂浆在砌体中主要起传递荷载的作用，并经受周围环境介质作用，因此砂浆应具有一定的抗压强度。砂浆的强度等级是以边长为70.7mm的立方体试块，在标准养护条件下（水泥混合砂浆为温度20±3℃，相对湿度60%~80%；水泥砂浆为温度20±3℃，相对湿度90%以上），用标准试验方法测得28天龄期的抗压强度来确定的。

（3）砂浆的黏结强度。砌筑砂浆必须有足够的黏结强度，以便将砖、石、砌块黏结成坚固的砌体。根据试验结果，凡保水性能优良的砂浆，黏结强度一般较好。砂浆强度等级愈高，其黏结强度也愈大。砂浆黏结强度与砖石表面清洁度、润湿情况及养护条件有关。砌砖前砖要浇水湿润，其含水率控制在10%～15%为宜。

（4）砂浆的耐久性。对有耐久性要求的砌筑砂浆，经数次冻隔循环后，其质量损失率不得大于5%，抗压强度损失率不得大于25%。

4. 砂浆的制备

砂浆应按试配调整后确定的配合比进行计量配料。砂浆应采用机械拌和，其拌和时间自投料完算起，水泥砂浆和水泥混合砂浆不得少于2分钟；水泥粉煤灰砂浆和掺用外加剂的砂浆不得少于3分钟；掺用有机塑化剂的砂浆为3～5分钟。分层度不应大于30mm；颜色一致。砂浆拌成后应盛入储灰器中，如砂浆出现泌水现象，应在砌筑前再次拌和。砂浆应随拌随用。水泥砂浆和水泥混合砂浆必须分别在拌成后3小时和4小时内使用完毕；如施工期间最高气温超过30℃时，必须分别在拌成后2小时和3小时内使用完毕。

学习任务二　填充墙的构造要求

学习目标

通过本单元知识的学习，使学生合理选择填充墙的砌筑方法；学会根据工程需要，掌握填充墙的一般构造要求和质量检验标准。

学习任务

学习砌筑10m教学楼建筑外填充墙。

任务分析

学生在学习砌筑教学楼外填充墙的过程中，首先掌握砌块砌体的构造要求和组砌的方式，能选择正确的施工技术。

任务实施

（一）砌块砌体的一般构造要求

（1）砌块砌体应分皮错缝搭砌，上下皮搭砌长度不小于90mm。当搭砌长度不满足要求时，应在水平灰缝内设置不少于2φ4mm的焊接钢筋网片，横向钢筋间距不宜大于200mm，网片每端均应超过该垂直缝，其长度不得小于300mm。

（2）砌块墙与后砌隔墙交接处，应沿墙高每400mm在水平灰缝内设置不少于2φ4、横筋间距不大于200mm的焊接钢筋网片。

（3）混凝土砌块墙体的灌孔要求：在表2.7所列部位，应采用不低于C20灌孔混凝土将孔灌实。

（4）在砌体中留槽洞及埋设管道时，应遵循下列规定：

①不应在截面长边小于500mm的承重墙体、独立柱内埋设管线；

②不宜在墙体中穿行暗线或预留、开凿沟槽，无法避免时应采取必要的措施或按削弱后的截面验算墙体的承载力，但允许在受力较小或未灌注的砌块砌体和墙体的竖向孔洞中设置管线。

（5）夹心墙应符合下列规定：

①混凝土砌块的强度等级不应低于MU10；

②夹心墙的夹层厚度不宜大于100mm；

③夹心墙外叶墙的最大横向支撑间距不宜大于9m。

夹心墙如图3-6所示。

图3-6　夹心墙

（6）跨度大于6m的屋架及跨度大于4.8m或4.2m（对砌块砌体）的梁，其支撑面下的砌体应设置钢筋混凝土垫块，当与圈梁相遇时，应与圈梁浇成整体。当240mm厚砖墙承受6m大梁、砌块墙和180mm厚砖墙承受4.8m大梁时，则应加扶壁柱。跨度大于9m的屋架、预制梁，其端部与砌体应采用锚固措施。

（7）预制钢筋混凝土板的支撑长度，在墙上不宜小于100mm；在圈梁上不宜小于80mm。预制钢筋混凝土梁在墙上的支撑长度不宜小于240mm。

（8）填充墙、隔墙应分别采取措施与周边构件可靠连接。

（9）山墙处的壁柱宜砌至山墙顶部，屋面构件应与山墙可靠拉结。

（二）砌块墙的构造

1. 砌块墙的拼接

砌筑时，必须保证灰缝横平竖直、砂浆饱满，使砌块能更好地连接。一般砌块墙采用 M5 砂浆砌筑，水平缝为 10～15mm，竖向缝为 15～20mm。当竖向缝大于 40mm 时，须用 C15 细石混凝土灌实。当砌块排列出现局部不齐或缺少某些特殊规格时，为减少砌块类型，常以普通黏土砖填充。

砌块墙上下错缝应大于 150mm，当错缝不足 150mm 时，应于灰缝中配置钢筋网片一道；砌块与砌块在转角、内外墙拼接处应以钢筋网片加固（图 3-7）。

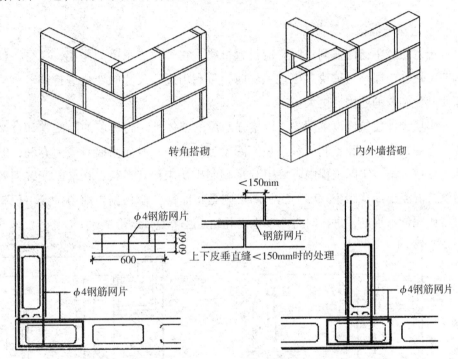

图 3-7　钢筋网片

2. 构造柱的设置

为了加强砌体房屋的整体性，空心砌体常于房屋的转角处，内、外墙交接处设置构造柱或芯柱。芯柱是利用空心砌块的孔洞做成，砌筑时将砌块孔洞上下对齐，孔中插入 2φ10 或 2φ12 的钢筋，采用 C20 细石混凝土分层捣实（图 3-8）。为了增强房屋的抗震能力，构造柱（或芯柱）应与圈梁连接。当填充墙长度超过 5m 时，也应设置构造柱。

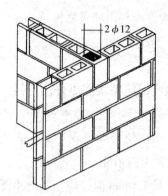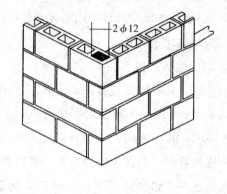

图 3-8　插入钢筋

3. 过梁与圈梁

当砌块墙中遇门窗洞口时，应设置过梁。它既起连系梁的作用，又是一种调节砌块。当层高与砌块高出现差异时，可利用过梁尺寸的变化进行调节，从而使其他砌块的通用性更大。

多层砌体建筑应设置圈梁，以增强房屋的整体性。砌块墙的圈梁常和过梁统一考虑，有现浇和预制两种。现浇圈梁整体性强，对加固墙身较为有利，但施工支模复杂。实际工程中可采用 U 形预制砌块来代替模板，在槽内配置钢筋后浇筑混凝土而成（图 3-9）。预制圈梁则是将圈梁分段预制，现场拼接。预制时，梁端伸出钢筋，拼接时将两端钢筋扎结后在节点现浇混凝土。

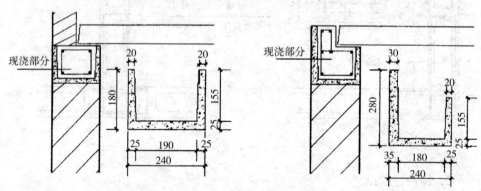

图 3-9　U 型砌块

（三）砌块房屋的抗震构造措施

1. 芯柱的设置和构造要求

（1）小砌块房屋钢筋混凝土芯柱的设置要求见表 3-1。

表 3-1　芯柱的设置要求

房屋层数			设置部位	设置数量
6 度	7 度	8 度		
四、五	三、四	二、三	外墙转角，楼梯间四角；大房间内外墙交接处；隔 15m 或单元隔墙与外纵墙交接处	外墙转角，灌实 3 个孔；内外墙交接处，灌实 4 个孔
六	五	四	外墙转角，楼梯间四角；大房间内外墙交接处；山墙与内纵墙交接外，隔开间横墙（轴线）与外纵墙交接处	
七	六	五	外墙转角，楼梯间四角；各内墙（轴线）与外纵墙交接处；8、9 时，内纵墙与横墙（轴线）交接处和洞口两侧	外墙转角，灌实 5 个孔；内外墙交接处，灌实 4 个孔；内墙交接处，灌实 4~5 个孔；洞口两侧各灌实 1 个孔
	七	六	同上；横墙内芯柱间距不宜大于 2m	外墙转角，灌实 7 个孔；内外墙交接处，灌实 5 个孔；内墙交接处，灌实 4~5 个孔；洞口两侧各灌实 1 个孔

（2）小砌块房屋的芯柱的构造要求：

①小砌块房屋的芯柱截面尺寸不宜小于 120mm × 120mm；

②芯柱混凝土强度等级，不应低于 C20；

③芯柱的竖向插筋应贯通墙身且与圈梁连接；插筋不应小于 $1\phi12$，地震烈度为 7 度时超过五层、地震烈度为 8 度时超过四层和地震烈度为 9 度时，插筋不应小于 $1\phi14$。

④芯柱伸入室外地面下 500mm 或与埋深小于 500mm 的基础圈梁相连；

⑤为提高墙体抗震受剪承载力而设置的芯柱，宜在墙体内均匀布置，最大净距不宜大于 2m。

2. 构造柱替代芯柱的构造要求

（1）构造柱最小截面。

构造柱最小截面可采用 190mm × 190mm，纵向钢筋宜采用 $4\phi12$，箍筋间距不宜大于 250mm，且在柱上、下端宜适当加密；7 度时超过 5 层、8 度时超过 4 层和 9 度时，构造柱纵向钢筋宜采用 $4\phi14$，箍筋间距不宜大于 200mm；外墙转

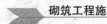

角的构造柱可适当加大截面及配筋。

(2)构造柱与砌块墙连接。

构造柱与砌块墙连接处应砌成马牙槎,与构造柱相邻的砌块孔洞,地震烈度为6度时宜填实,地震烈度为7度时应填实,地震烈度为8度时应填实并插筋;沿墙高每隔600mm应设拉结钢筋网片,每边伸入墙内不宜小于1m。

(3)构造柱与圈梁连接处。

构造柱与圈梁连接处,构造柱的纵筋应穿过圈梁,保证构造柱纵筋上下贯通。

(4)构造柱的基础。

构造柱可不单独设置基础,但应伸入室外地面下500mm,或与埋深小于500mm的基础圈梁相连。

3. 圈梁的设置和构造要求

(1)小砌块房屋的现浇钢筋混凝土圈梁应按表3-2的要求设置,圈梁宽度不应小于190mm,配筋不应少于$4\phi12$,箍筋间距不宜大于200mm。

(2)小砌块房屋墙体交接处或芯柱与墙体连接处应设置拉结钢筋网片,网片可采用直径4mm的钢筋点焊而成,沿墙高每隔600mm设置,每边伸入墙内不宜小于1m。

(3)小砌块房屋的层数,地震烈度为6度时七层、地震烈度为7度时超过五层、地震烈度为8度时超过四层。底层和顶层的窗台标高处,沿纵横墙应设置通长的水平现浇钢筋混凝土带;其截面高度不小于60mm,纵筋不少于$2\phi10$,并应有分布拉结钢筋;其混凝土强度等级不应低于C20。

表3-2 混凝土圈梁要求设置

墙 类	烈 度	
	6、7	8
外墙和内纵墙	屋盖处及每层楼盖处	屋盖处及每层楼盖处
内横墙	同上;屋盖处沿所有横墙;楼盖处间距不应大于7m;构造柱对应部位	同上;各层所有横墙

学习任务三 填充墙砌筑的注意事项

(一)窗台砌筑

当墙砌到接近窗洞口标高时,如果窗台是用顶砖挑出,则在窗洞口下皮开始砌窗台；如果窗台是用侧砖挑出，则在窗洞口下两皮开始砌窗台。砌之前按图样把窗洞口位置在砖墙面上画出分口线，砌砖时砖应砌过分口线60～120mm，挑出墙面60mm，出檐砖的立缝要打碰头灰。

窗台砌虎头砖时，先把窗台两边的两块虎头砖砌上，用一根小线挂在它的下皮砖外角上，线的两端固定，作为砌虎头砖的准线，挂线后把窗台的宽度量好，算出需要的砖数和灰缝的大小。虎头砖向外砌成斜坡，在窗口处的墙上砂浆应铺得厚一些，一般里面比外面高出20～30mm，以利泄水。操作方法是把灰打在砖中间，四边留10mm左右，一块块地砌。砖要充分润湿，灰浆要饱满。如为清水窗台时，砖要认真进行挑选。

(二)梁底和板底砖的处理

填充墙砌到框架梁底时，如果是混水墙，可以用与平面交角在60°～75°的斜砌砖顶紧。假如填充墙是外墙，应等砌体沉降结束，砂浆达到强度后再用楔子楔紧，然后用1:2水泥砂浆嵌填密实，因为这一部分是薄弱点，最容易造成外墙渗漏，施工时要特别注意。梁板底的处理如图3-10所示。

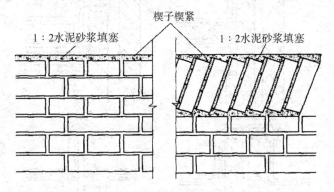

图3-10　梁板底的处理

(三)变形缝的砌筑与处理

当砌筑变形缝两侧的砖墙时，要找好垂直，缝的大小上下一致，更不能中间接触或有支撑物。砌筑时要特别注意，不要把砂浆、碎砖、钢筋头等掉入变形缝内，以免影响建筑物的自由伸缩、沉降和晃动。

变形缝口部的处理必须按设计要求，不能随便更改，缝口的处理要满足此缝的功能上的要求。如伸缩缝一般用麻丝沥青填缝，而沉降缝则不允许填缝。墙面变形缝的处理形式如图3-11所示。屋面变形缝的处理，如图3-12所示。

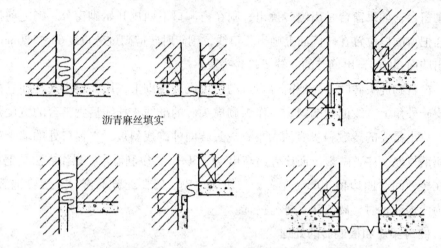

沥青麻丝填实

图 3-11 墙面变形缝的处理形式

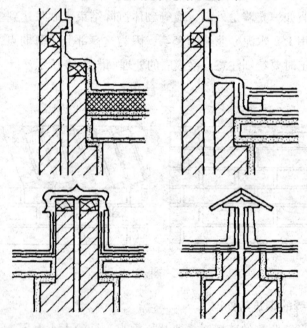

图 3-12 屋面变形缝的处理

学习任务四 质量验收与评价

学习目标

通过本单元知识的学习，使学生能够掌握砌体施工质量控制等级和检验评定的方法；学会根据工程需要，对砌体工程的施工质量进行控制。

学习任务

学习填充墙的质量验收和评价。

任务分析

学生在学习填充墙的质量验收和评价的标准规定时，能够对填充墙的构造有更加深刻的认识，并能够为编制填充墙的施工方案打下基础。

任务实施

(一)砌体施工质量控制等级

施工过程对砌体结构质量的影响直接表现在砌体的强度上。在验收规范中，施工水平按质量监督人员、砂浆强度试验及搅拌、砌筑工人技术熟练程度等情况将砌体施工质量控制等级分为三级(见表3-3)。

表 3-3　砌体施工质量控制等级

项目	施工质量控制等级		
	A	B	C
现场质量管理	制度健全，并严格执行；非施工方质量监督人员经常到现场，或现场设有常驻代表；施工方有在岗专业技术管理人员，人员齐全，并持证上岗	制度基本健全，并能执行；非施工方质量监督人员间断地到现场进行质量控制，施工方有在岗专业技术管理人员，并持证上岗	有制度；非施工方质量监督人员很少作现场质量控制；施工方有在岗专业技术管理人员
砂浆强度	试块按规定制作，强度满足验收规定，离散性小	试块按规定制作，强度满足验收规定，离散性较小	试块强度满足验收规定，离散性大
砂浆拌合方式	机械拌和；配合比计量控制严格	机械拌和；配合比计量控制一般	机械或人工拌和；配合比计量控制较差
砌筑工人	中级工以上，其中高级工不少于20%	高中级工不少于70%	初级工以上

(二)砌体施工质量基本规定

1. 施工工艺的基本要求

(1)基础砌筑

基础高低台的合理搭接，对保证基础砌体的整体性至关重要。从受力角度考虑，基础扩大部分的高度与荷载、地耐力等有关。对有高低台的基础，应从低处砌起，在设计无要求时，高低台的搭接长度不应小于基础扩大部分的高度。

（2）墙体砌筑

为了保证墙体的整体性，提高砌体结构的抗震能力，砌体的转角处和交接处应同时砌筑，如不能同时砌筑，应留斜槎；砌体的交接处如不能同时砌筑，可留直槎。

在墙上留置临时施工洞口，其侧边离交接处墙面不应小于500mm，洞口净宽度不应超过1m。抗震设防烈度为9度的地区建筑物的临时施工洞口位置，应会同设计单位确定。临时施工洞口应做好补砌。脚手眼不仅破坏了砌体结构的整体性，而且还影响建筑物的使用功能，施工脚手眼补砌时，灰缝应填满砂浆，不得用干砖填塞。尚未施工楼板或屋面的墙或柱，当可能遇到大风时，其允许自由高度不得超过表3-4的规定。如超过表中限值时，必须采用临时支撑等有效措施。

表3-4　砌体自由高度要求

墙（柱）厚（mm）	砌体密度 >1600（kg/m³）			砌体密度 1300～1600（kg/m³）		
	风载（kN/m³）			风载（kN/m³）		
	0.3（约7级风）	0.4（约8级风）	0.5（约9级风）	0.3（约7级风）	0.4（约8级风）	0.5（约9级风）
190	—	—	—	1.4	1.1	0.7
240	2.8	2.1	1.4	2.2	1.7	1.1
370	5.2	3.9	2.6	4.2	3.2	2.1
490	8.6	6.5	4.3	7.0	5.2	3.3
620	14.0	10.5	7.0	11.4	8.6	5.7

2. 砌筑材料的要求及检验

（1）对砌筑砂浆的要求

砌筑砂浆所用水泥进场使用前，应分批对其强度、安定性进行复验。检验批应以同一生产厂家、同一编号为一批。当在使用中对水泥质量有怀疑或水泥出厂超过3个月时，应复查试验，并按其结果使用。不同品种的水泥不得混合使用。不同品种的水泥由于成分不一，混合使用后往往会发生材性变化或强度降低而引起工程质量问题。

砂浆用砂不得含有有害杂物。砂浆用砂的含泥量应满足要求：水泥砂浆和强度等级不小于 M5 的水泥混合砂浆，不应超过 5%；强度等级小于 M5 的水泥混合砂浆，不应超过 10%。M5 以上的水泥混合砂浆，如砂子含泥量过大，有可能导致塑化剂掺量过多，造成砂浆强度降低。

（2）对砌筑材料的要求

同一验收批砌筑砂浆试块抗压强度平均值必须大于或等于设计强度等所对应的立方体抗压强度；同一验收批砂浆试块抗压强度的最小一组平均值必须大于或等于设计强度等级所对应的立方体抗压强度的 0.75 倍。砌筑砂浆的验收批，同一类型、强度等级的砂浆试块应不少于 3 组。当同一验收批只有一组试块时，该组试块抗压强度的平均值必须大于或等于设计强度等级所对应的立方体抗压强度。

抽检数量：每一检验批且不超过 250m³ 砌体的各种类型及强度等级的砌筑砂浆，每台搅拌机应至少抽检一次。

（三）砌块砌体的质量标准及检验方法

1. 主控项目

（1）小砌块和砂浆的强度等级

小砌块和砂浆的强度等级必须符合设计要求。

抽检数量：每一生产厂家，每 1 万块小砌块至少应抽检一组。用于多层以上建筑基础和底层的小砌块抽检数量不应少于两组。砂浆试块的抽检数量为：每一检验批且不超过 250m³ 砌体的各种类型及强度等级的砌筑砂浆，每台搅拌机应至少抽检一次。

检验方法：查小砌块和砂浆试块试验报告。

（2）砌体水平灰缝的砂浆饱满度

砌体水平灰缝的砂浆饱满度，应按净面积计算不得低于 90%；竖向灰缝饱满度不得小于 80%，竖缝凹槽部位应用砌筑砂浆填实；不得出现瞎缝、透明缝。

抽检数量：每检验批不应少于 3 处。

检验方法：用专用百格网检测小砌块与砂浆黏结痕迹，每处检测一块小砌块，取取其平均值。

（3）墙体转角处和纵横墙交接处砌筑

墙体转角处和纵横墙交接处应同时砌筑。临时间断处应砌成斜槎，斜槎水平投影长度不应小于高度的 2/3。

抽检数量：每检验批抽 20% 接槎，且不应少于 5 处。

检验方法：观察检查。

2. 一般项目

（1）墙体的水平灰缝厚度和竖向灰缝宽度宜为 10mm，但不应大于 12mm 也不小于 8mm。

抽检数量：每层楼的检测点不应少于 3 处。

抽检方法：用尺量 5 皮小砌块的高度和 2m 砌体长度折算。

（2）小砌块墙体的一般尺寸允许偏差应符合表 3-5 中的规定。

表 3-5　普通混凝土小型空心砌块的尺寸允许偏差

项目	优等品	一等品	合格品
长度	±2	±3	±3
宽度	±2	±3	±3
高度	±2	±3	+3，−4

（四）填充墙砌体工程的质量标准及检验方法

1. 主控项目

砖、砌块和砌筑砂浆的强度等级应符合设计要求。

检验方法：检查砖或砌块的产品合格证书、产品性能检测报告和砂浆试块试验报告。

2. 一般项目

（1）填充墙砌体一般尺寸的允许偏差。填充墙砌体一般尺寸的允许偏差应符合表 3-6 的规定。

表 3-6　填充墙砌体偏差

项次	项目		允许偏差（mm）	检验方法
1	轴线位移		10	用尺检查
	垂直度	≤3m	5	用 2m 托线板或吊线、尺检查
		>3m	10	
2	表面平直度		8	用 2m 靠尺和楔形塞尺检查
3	门窗洞口高、宽（后塞口）		±5	用尺检查
4	外墙上、下窗口平移		20	用经纬仪或吊线检查

抽检数量：

①对表中 1、2 项，在检验批的标准间中随机抽查 10%，但不应少于 3 间；大面积房间和楼道按两个轴线或每 10 延长米按一标准间计数。每间检验不应少

于 3 处。

②对表中 3、4 项，在检验批中抽检 10%，且不应少于 5 处。

（2）蒸压加气混凝土砌块砌体和轻骨料混凝土小型空心砌块砌体不应与其他块材混砌。

（3）填充墙砌体的砂浆饱满度及检验方法。

填充墙砌体的砂浆饱满度及检验方法应符合表 3-7 的规定。

抽检数量：每步架子不少于 3 处，且每处不应少于 3 块。

表 3-7　砂浆饱满度及检验方法

砌体分类	灰缝	饱满度及要求	检验方法
空心砖砌体	水平	≥80%	采用百格网检查块材底面砂浆的粘结痕迹面积
	垂直	填满砂浆，不得有透明缝、瞎缝、假缝	
加气混凝土砌块和轻骨料混凝土小砌块砌体	水平	≥80%	
	垂直	≥80%	

（4）填充墙砌体留置的拉结钢筋或网片的位置。

填充墙砌体留置的拉结钢筋或网片的位置应与块体皮数相符合。拉结钢筋或网片应置于灰缝中，埋置长度应符合设计要求，竖向位置偏差不应超过一皮砖高度。

抽检数量：在检验批中抽检 20%，且不应少于 5 处。

检验方法：观察和用尺量检查。

（5）填充墙砌筑时应错缝搭砌。填充墙砌筑时应错缝搭砌，蒸压加气混凝土砌块搭砌长度不应小于砌块长度的 1/3；轻骨料混凝土小型空心砌块搭砌长度不应小于 90mm；竖向通缝不应大于 2 皮砖。

抽检数量：在检验批的标准间中抽查 10%，且不应少于 3 间。

检查方法：观察和用尺检查。

（6）填充墙砌体的灰缝厚度和宽度。填充墙砌体的灰缝厚度和宽度应正确。空心砖、轻骨料混凝土小型空心砌块的砌体灰缝应为 8 ~ 12mm。蒸压加气混凝土砌块砌体的水平灰缝厚度及竖向灰缝宽度分别宜为 15mm 和 20mm。

抽检数量：在检验批的标准间中抽查 10%，且不应少于 3 间。

检查方法：用尺量 5 皮空心砖或小砌块的高度和 2m 砌体长度折算。

（7）填充墙砌至接近梁、板底时，应留一定空隙。

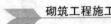

填充墙砌至接近梁、板底时，应留一定空隙，待填充墙砌筑完并应至少间隔 7 天后，再将其补砌挤紧。

抽检数量：每验收批抽 10% 填充墙片（每两柱间的填充墙为一墙片），且不应少于 3 片。

检验方法：观察检查。

（五）砌体施工的质量保证措施

砌体施工时，应建立健全项目现场质量管理制度并严格执行；业主或业主委托的质量监督人员经常到现场，或在现场设有常驻代表；施工方在岗专业技术管理人员应齐全，并持证上岗。

1. 进场材料质量的控制措施

（1）砖的品种、强度等级必须符合设计要求，并应规格一致，有出厂合格证及试验单，严格检验手续，对不合格品坚决退场。混凝土小型空心砌块的强度等级必须符合设计要求及规范规定；砌块的截面尺寸及外观质量应符合国家技术标准要求；砌块应保持完整无破损、无裂缝。施工时所用的小砌块的产品龄期不应小于 28 天，承重墙不得使用断裂小砌块。

（2）水泥进场使用前，应分批对其强度、安定性进行复验。检验批应以同一生产厂家、同一编号为一批。当在使用中对水泥质量有怀疑或水泥出厂超过 3 个月（快硬硅酸盐水泥超过一个月）时，应复查试验，并按其结果使用。不同品种的水泥，不得混合使用。

（3）砂浆不得含有有害物质及草根等杂物。砂的含泥量不应超过规定，并应通过 5mm 筛孔进行筛选。

（4）塑化材料：砌体混合砂浆常用的塑化材料有石灰膏、磨细石灰粉、电石膏和粉煤灰等，石灰膏的熟化时间不少于 7 天，严禁使用冻结和脱水硬化的石灰膏。

（5）砂浆拌合用水水质必须符合现行国家标准《混凝土拌和用水标准》JGJ 63—2006 的要求。

（6）构造柱混凝土中所用石子（碎石、卵石）含泥量不超过 1%；混凝土中选用外加剂应通过试验室试配，外加剂应有出厂合格证及试验报告。钢筋应根据设计要求的品种、强度等级进行采购，钢筋应有出厂合格证和试验报告，进场后应进行见证取样、复检。

（7）预埋木砖及金属件必须进行防腐处理。

2. 施工过程质量控制措施

（1）原材料必须逐车过磅，计量准确，搅拌时间应达到规定的要求，砂浆试块应有专人负责制作与养护。

（2）基础大放脚两侧收退应均匀，砌到基础墙身时，应按所弹轴线和边线拉线砌筑，砌筑时应随时用线锤检查基础墙身的垂直度。

（3）盘角时灰缝应控制均匀，每层砖都应与皮数杆对齐，钉皮数杆的木桩要牢固，防止碰撞松动。皮数杆立完后应复验，确保皮数杆高度一致。

（4）准线应绷紧拉平。砌筑时应左右照顾，避免接槎处高低不平。一砖半墙及以上墙体必须双面挂线，一砖墙反手挂线，舌头灰应随砌随刮平。

（5）应随时注意正在砌筑砖的皮数，保证按皮数杆标明的位置埋置埋入件和拉结筋。拉结筋外露部分不得任意弯折，并保证其长度符合设计及规范的要求。

（6）内外墙的砖基础应同时砌筑，如因特殊情况不得同时砌筑时，应留置斜槎，斜槎的长度不应小于斜槎高度的2/3。

（7）基础底标高不同时，应先从低处砌起，并由高处向低处搭接，如无设计要求，其搭接长度不应小于基础扩大部分的高度。

（8）砌筑时，高差不宜过大，一般不得超过一步架的高度。

（9）防潮层应在基础全部砌到设计标高，房心回填土完成后进行。防潮层施工时，基础墙顶面应清洗干净，使防潮层与基层黏结牢固，防水砂浆收水后要抹压平整、密实。

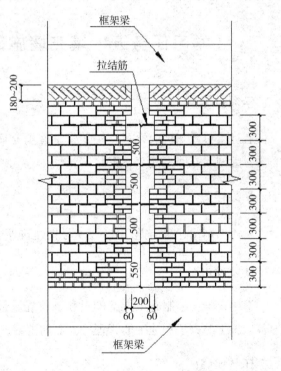

图 3-13　构造柱大样图

（10）构造柱砖墙应砌成大马牙槎，设置好拉结筋（图3-13），砌筑时应从柱脚开始，且柱两侧都应先退后进，当槎深达到120mm时，宜上口一皮进60mm，再上一皮进120mm，以保证混凝土浇筑时上角密实，构造柱内的落地灰、砖渣杂物必须清理干净，防止混凝土内夹渣。

（11）竖向灰缝不得出现透明缝、瞎缝和假缝。

（12）施工临时间断处补砌时，必须将接槎处表面清理干净，浇水湿润，并填实砂浆，保持灰缝平直。

（13）砌块墙在施工前，必须进行砌块的排列组合设计。排列组合设计时，应尽量采取主规格的砌块，并对孔错缝搭接，搭接长度不应小于90mm。纵横墙交接处、转角处应交错搭砌。

（14）施工中必须做好砂浆的铺设与竖缝砂浆或混凝土的浇灌工作，砌筑应严格按皮数杆准确控制灰缝厚度和每皮砌块的砌筑高度。

（15）空心砌块填充墙砌体的芯柱应随砌随灌混凝土，并振捣密实；无楼板的芯柱应先清理干净，用水冲洗后分层浇筑混凝土，每层厚度400~500mm。芯柱钢筋严格按设计要求及规范规定施工，保证钢筋间距和下料尺寸准确。

学习任务五　填充墙施工方案的编制

学习目标

通过本单元知识的学习，使学生掌握填充墙体的砌筑方法；学会根据工程需要，编制填充墙是施工方案。

学习任务

学习编制宿迁市宝龙广场1~4号楼建筑外墙。

任务分析

学生在学习编制施工方案的过程，首先掌握编制的依据、工程概况、施工准备、施工的方法和施工的管理等方面的内容，学生对本章的内容进行总结。

任务实施

（一）编制依据

（1）施工组织设计。

（2）设计施工图。

（3）《砌体工程施工质量验收规范》GB 50203—2011。

（4）《建筑工程施工质量验收统一标准》GB 50300—2001。

（5）《框架轻质填充墙构造图集》西南 05G701。

（6）《混凝土结构工程施工质量验收规范》（GB 50204—2002）。

（二）工程综合概况

1. 工程名称

宿迁市宿城区宝龙商业广场 1～4 号楼工程。

2. 工程地址

宿迁市宿城区。

3. 结构类型

钢筋混凝土框架剪力墙结构，地下 1 层，地上 18 层，本工程建筑设计使用年限 50 年，建筑结构安全等级二级，建筑桩基设计等级乙级，建筑防火分类等级一类，建筑耐火等级一级，抗震设防类别为丙类，抗震设防烈度为 6 度。

4. 建设单位

宿迁市房地产开发有限公司。

5. 设计单位

宿迁设计研究院。

6. 监理单位

宿迁市工程监理有限公司。

7. 施工单位

江苏富昂建设投资有限公司。

（三）施工图纸设计要求

1. 材料要求

（1）工程所用材料为：室内地坪以下及女儿墙采用 M7.5 水泥砂浆砌筑 MU10 烧结烧结页岩多空砖。外填充墙墙体采用 M5.0 混合砂浆砌筑强度不低于 MU5.0 的节能型烧结页岩空心砖，容重≤12.0kN/m³，要求 12 孔以上，宽度方向孔洞排数 5 排，矩形孔，交错排列，外壁厚≥25mm。内填充墙墙体采用 M5.0 混合砂浆砌筑强度不低于 MU3.5 的烧结页岩空心砖，容重≤8.0kN/m³，要求 12 孔以上，宽度方向孔洞排数 5 排，矩形孔、交错排列。卫生间先做 1800mm 实心砖墙体，然后在其上做烧结页岩空心砖，厨房填充墙墙体采用烧结页岩实心砖砌筑。

（2）填充墙厚度为：100mm、200mm。

（3）构造柱、过梁、现浇带等均采用 C20 混凝土。

2. 结构构造要求

（1）构造柱。

①内外墙交接处及外墙转角处，间距不大于2倍层高。

②墙长或相邻横墙之间的间距大于2倍层高时，墙段内增设构造柱，间距应小于2倍层高；墙长大于墙高且端部处无柱（墙）处应增设构造柱。

③宽度>2100mm的洞口两侧应设构造柱。

④窗洞≥3000mm的窗下墙中部及窗洞口两侧，应设构造柱，构造柱间距≤2000mm。

构造柱截面尺寸为：墙厚×200mm，其配筋为主筋4ϕ10，箍筋ϕ6@100/200，加密区为楼面及顶棚上下500mm，详构造柱断面图。纵向钢筋采用植筋，植筋孔深入结构混凝土≥100mm，混凝土强度等级为C20。砌体在构造柱部位应留成马牙槎，上下皮错开马牙槎宽度≥60mm，从根部按先退后进的原则留置，间隔300mm的高度错槎。

填充墙与构造柱拉筋设置如图3-14所示。

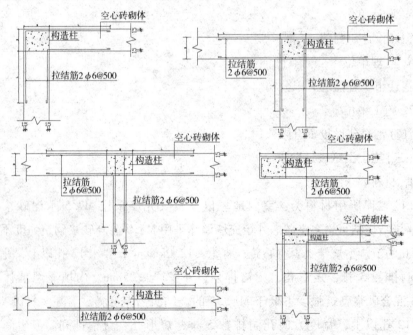

注：b为墙的宽度，L的长度为墙长的1/5或大于700mm。

图3-14　填充墙与构造柱拉筋

（2）过梁。

①门、窗洞口过梁，当墙厚为200mm时过梁配筋见表3-8。

表3-8 门、窗洞口过梁（墙厚为200mm）

洞口尺寸 Ln（mm）	过梁长度 L（mm）	配筋			箍筋间距	梁截面尺寸	混凝土强度等级
		下部筋	上部筋	箍筋			
1200	1700	2A10	2A8	B6		190×190	
1500	2000	2A10	2A8	B6			
1800	2300	2A14	2A8	B6			
2100	2600	2B14	2A8	B6	@200		C20
2400	2900	2A12	2A8	B6			
2700	3200	2A14	2A8	B6		190×390	
3000	3500	2A12	2A10	B6			

②门、窗洞口过梁，当墙厚为100mm时过梁配筋见表3-9。

表3-9 门、窗洞口过梁（墙厚为100mm）

洞口尺寸 Ln（mm）	过梁长度 L（mm）	配筋		梁截面尺寸	混凝土强度等级
		主筋	分布筋		
800	1300	2A8	A6@200	墙厚×90	
1000	1500	2A8	A6@200		
1200	1700	2A8	A6@200		
1500	2000	2A8	A6@200		C20
1800	2300	2A8	A6@200		
2100	2600	2A10	A6@200	墙厚×190	
2400	2900	2A12	A6@200		
2700	3200	3A12	A6@200		

③当门窗洞宽≥4000mm时，墙体过梁配筋见表3-10。

表3-10 墙体过梁配筋

洞口尺寸 Ln（mm）	支座长度 a（mm）	配筋		箍筋间距	梁截面尺寸	混凝土强度等级
		上部筋	下部筋			
4200~5000	250	2B14	1B16+2B20	A8@150	墙厚×450	C20
5100~6000	250	2B14	1B18+2B22		墙厚×500	

（3）圈梁。高度≥4000mm的填充墙，在墙半层高处设置现浇圈梁如图3-15所示。

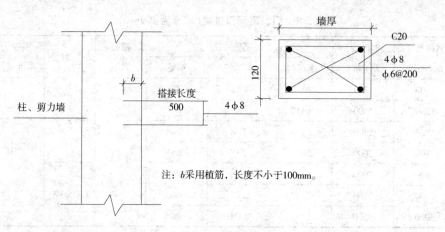

注：b采用植筋，长度不小于100mm。

图 3-15　设置圈梁

（4）边框

①2100mm≥洞口宽度>1500 的洞口两侧。

②外墙长度不大于1000的悬墙端部。

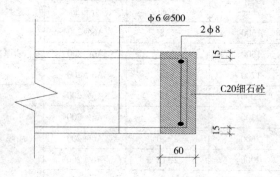

图 3-16　边框

（5）构造柱与梁、板的构造如图3-17所示。

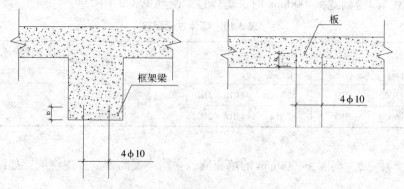

注：b采用植筋，长度不小于100mm。

图 3-17　构造柱与梁、板的构造

（6）填充墙与剪力墙、柱的构造如图 3-18 所示。

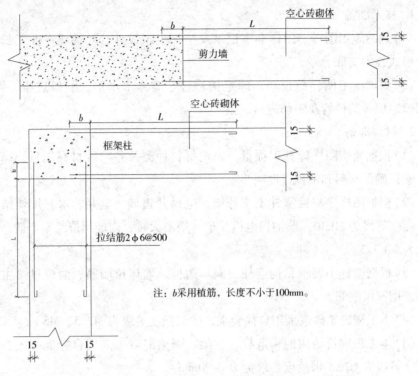

图 3-18 填充墙与剪力墙、柱的构造

（7）女儿墙。屋面女儿墙上构造柱间距不大于 2.5m。女儿墙构造柱做法如图 3-19 所示。

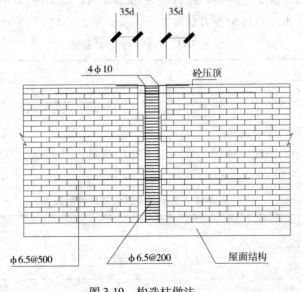

图 3-19 构造柱做法

（四）施工准备

1. 技术准备

（1）熟悉施工图样、图样会审记录及施工组织设计，对现场专业工长进行书面形式技术交底。

（2）根据施工图样总说明，确定构造柱、墙体水平筋、洞口过梁、腰梁、门洞口边框等的位置及钢筋规格、型号。

2. 材料准备

（1）根据施工图样计算工程量，确定材料种类及各阶段材料用量，确定供货厂家，确保材料和工程进度同步。

（2）根据图样中临接室外土壤外墙、电梯井道墙、电井、水井用烧结实心砖，强度等级为 MU10。柴油发电机排烟井用耐火砖，内墙用烧结空心砖，强度等级为 MU3.5。

（3）根据图样中要求，构造柱、洞口边框、墙体拉墙筋、洞口过梁主筋及箍筋采用一级钢筋。

（4）本工程砌筑砂浆采用自拌砂浆，砂浆强度等级为 M7.5、M5。

（5）本工程砌筑结构的构造柱、过梁、圈梁混凝土采用自拌混凝土，混凝土强度等级为 C20，坍落度要求为 70～90mm。

3. 劳动力准备

根据本工程的特点，砌体施工班组要求劳务班组选择高素质的施工作业队伍及有经验的专业工种人员，签订劳务用工合同，施工前由项目安全员进行入场三级教育。本项目部配备为专业砌筑工长，见表 3-11。

表 3-11　劳动力需用计划表

工种	砌筑工	木工	钢筋工	混凝土工	普工	架子工	机操工	合计
人数	60	16	12	20	40	16	8	172

4. 施工机具准备

本工程1#、2#楼砌体施工采用以下施工机具，其他施工班组自带，见表 3-12 和表 3-13。

表 3-12　主要施工机械需用计划表

机械名称	单位	数量	备注
施工电梯	台	4	垂直运输
施工塔吊	台	4	配合施工
砂浆搅拌机	台	4	砂浆供应

表 3-13　小型施工机具需用计划表

设备名称	单位	数量	备注
振捣器	台	6	
冲击钻	台	4	
小型切割机	台	5	
磅 称	台	4	
手 锯	把	6	
手推车	辆	20	
灰 桶	只	120	

(五)施工顺序

根据本工程实际施工情况，施工电梯安装调试好后开始砌筑。因此，在砌体工程大面积展开之前，在 1～4 号楼的 2 层砌筑样板层，待建设、设计、监理、施工单位验收合格后再大面展开，首先砌筑地下室及 1～9 层砌体，然后随混凝土结构施工进度逐层施工，卫生间、厨房墙体底部浇筑 200mm 高 C20 混凝土上翻梁，宽度同墙厚。

(六)施工方法

1. 基层处理

将楼地面上的泥土、混凝土浮浆、碎渣用铁锹和凿子铲除，并用水冲洗干净，除去浮尘。

2. 定位放线

(1)根据施工图样和施工实际情况，在结构墙或柱上弹好 500mm 或 1000mm 的建筑标高线，在楼地面上弹好墙身线、门洞口线、填充墙立边线，并将洞口边线标高控制在梁柱上。

(2)制作皮数杆，在结构墙、柱上弹好过梁或圈梁位置线、墙体拉接筋位置线。

3. 墙拉筋植筋

采用直径 $\phi6$ 冲击钻钻眼成孔，孔深不小于 100mm，除去孔内碎屑，用吹风机将孔内灰尘吹干净，再用水将孔内冲洗干净，等待 24 小时干燥以后，再将钢筋上植筋胶后，慢慢塞进孔内，静置 24 小时后，经检拉拔试验合格后开始砌筑。

4. 砂浆的拌制

在拌制砌筑砂浆前，必须和供应单位联系好技术资料，明确配置的水灰比，并应严格按照要求控制搅拌时间、砂浆稠度、对砂浆出现过稠、过稀或泌水现象等，应重新拌制。

5. 材料准备及搬运

（1）空心砖及配砖、标砖采用斗车通过施工电梯垂直运输至施工楼层，按照施工图样要求，将不同规格的砌块沿墙两边堆码整齐，与墙边线应预留一定的操作距离；堆码高度不应大于 20 皮砖的高度，砌体材料的堆放不宜过于集中，并冲水湿润，使砖砌块含水率达到规定要求。

（2）砌筑砂浆搅拌好后用斗车运至施工楼层，砂浆应随拌随用。砂浆倒在楼面上使用时，底部应采用旧模板垫起，严禁直接倾倒在楼面上。

6. 填充墙砌筑

（1）砌块组砌。

①立面排块：根据墙体净高度、砖的高度及灰缝厚度计算皮数，选择合适的组合排砖方法，确定砖块的层数。应注意考虑门洞口过梁及圈梁高度、位置和顶部斜砌高度。

②平面排块：砌筑前在平面位置处应先排一下砌块，将空心砖沿轴线方向，在柱与墙之间，干摆砌块，调整好缝隙（注意门洞口及构造柱处的处理），排到墙的两端时，排不了整块时，用配砖进行配合排列。

（2）砌筑施工方法及操作要点：

①砌筑前，提前将砌筑部位润湿，以保证黏结牢固。

②砌体施工时，必须在墙体外侧面挂线，挂线一定要拉紧绷直。

③砌体砌筑的方式采用"三一"法砌筑，砌体底部砌筑高度不小于 200mm 的烧结页岩实心砖，如墙体底部凹凸不平，可适当以 C20 细石混凝土找平。

④空心砖砌筑采用先铺砂浆后压砖校正的方式进行，根据灰缝厚度要求用灰铲将砂浆铺开，以两个砌块用灰量为宜，然后将砌块对准砌筑线平稳搁置，进行挤压、用木锤锤打直至与砂浆紧密结合为止。

⑤砌筑应从转角处或交叉墙开始顺序推进，内外墙应同时砌筑，如同时砌筑有困难时，可留直槎，但必须沿墙高 500mm 间距加设拉结筋；砌筑时应上下

错缝，填充墙不得有通缝，搭接长度不宜小于砌块长度的1/3。

⑥水平灰缝的砂浆应饱满，水平灰缝的砂浆饱满度不得低于80%，砖砌体水平灰缝宽度为8～12mm，竖向灰缝可采用挤浆，使其砂浆饱满，宽度为10mm。灰缝应横平竖直，砂浆饱满，垂直灰缝宜用内外夹板灌缝不得出现透明缝、瞎缝或假缝。

⑦每层砖都要拉线看平，使水平缝均匀一致、平直通顺。宜采用外手挂线，可以照顾砖墙两面平整，从而控制抹灰厚度。灰缝应随砌筑随勾缝，每砌一皮空心砖，就位校正后，用砂浆灌垂直缝，随后进行灰缝的勒缝，深度为3～5mm。

⑧顶部斜砌砖的预留高度为200mm，砌筑时应待下部墙体砌筑7天后进行。填充墙顶部斜砌采用立砖斜砌挤紧，倾斜度宜为60°左右，斜砌砖逐块敲紧砌实，砂浆饱满，封堵严实；在砌筑斜顶砖时，必须首先平砌筑页岩实心砖一层，防止砂浆下漏。

⑨砌块墙体的转角处和交接处宜同时砌筑，严禁无可靠措施的内外墙分砌施工；如同时砌筑有困难时可砌成斜槎或直槎，斜槎水平投影长度不得小于高度的2/3。直槎必须留设拉墙筋，拉墙筋间距≤500mm，临时间断处补砌时应将接槎处灰浆及杂物清理干净，然后进行补砌。

⑩通风管井在砌筑时，井道内壁要随砌随进行抹灰、压光。

⑪凡有穿过空心砖墙体的管道，应预先留设或砌筑后采用切割机割槽留设。管线从墙体上穿过时应先弹线定位后用切割机开槽，不得在已经砌筑墙体上任意凿槽打洞。

⑫砌筑外墙时，尽量不留或少留脚手眼，墙中如预留有脚手眼，不得用干砖填塞，应在抹灰前安排专人从外面用M5水泥砂浆砌筑填实，以防留下墙体渗、漏隐患。

⑬砌筑构造柱马牙槎时应采用挂线、先退后进的方式进行施工，每一槎不大于300mm，构造柱与填充墙的拉接筋每边不小于1000mm。

（3）构造柱施工：

①钢筋植筋后，应根据构造柱、圈梁、过梁的截面位置将结构混凝土接触面凿毛，并用水冲洗干净。

②构造柱、圈梁钢筋采用搭接，搭接长度满足Ⅰ级钢筋搭接31天，主筋保

护层均为 20mm。

③构造柱、圈梁等模板的支设要密封严实，防止漏浆。构造柱模板支设如图 3-20 所示。

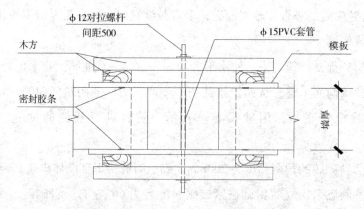

图 3-20　构造柱模板支设

④构造柱混凝土可以采用分段进行，每次浇筑至圈梁或窗台压顶位置。

⑤混凝土浇筑前应先浇水湿润，浇注要振捣密实。

⑥构造柱支模至梁底 300mm 高处时，用模板支设 45°角的混凝土浇筑进料口，在浇筑完砼并达到初凝后，将此三角形部分混凝土凿除，如图 3-21 所示。

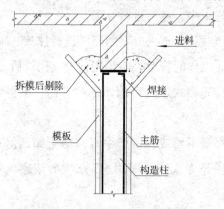

图 3-21　构造柱浇筑示意图

⑦浇筑圈梁、过梁混凝土时，混凝土梁面应找平拉毛。

⑧在混凝土施工过程中，要注意对钢筋和砌体的成品保护，严禁随地倾倒和遍地洒落混凝土，混凝土流浆要及时清理干净。

(4)各专业工种的配合：安装设有各类管井，电管为暗装，因此砌体工程施工时，要切实做好安装管道孔、洞、槽的配合准确预留工作。填充墙体上预留设备洞，应配合其他专业图样进行，设备用房需设备安装完毕后再做填充隔墙。通风井道随砌随抹。

在砌体工程施工过程中，木工、钢筋工、混凝土工、植筋工、安装队伍、砖工、抹灰工等各工种要密切配合，穿插进行施工。进一步加强对施工现场安全生产及文明施工的管理力度；保证施工的区域整洁。

（5）砌筑施工用的脚手架：本工程除地下室较高外，主楼楼层内砌筑至距地 2m 高位置时全部采用 600～800mm 高的木凳；砌筑车库部分须搭设双排钢管脚手架。搭设要求：立杆横距 1.2m，立杆纵距 1.5m，内立杆距墙皮的距离0.35m，步距 1.8m，如果墙体长度较长，应在两端和中部分别设置三道支撑，脚手架操作层铺设并排三块竹跳板，并用 16 号铁丝扎紧捆牢。

（七）质量保证措施及质量要求

1. 质量保证措施

（1）建立健全项目质量管理保证体系，如图 3-22 所示。

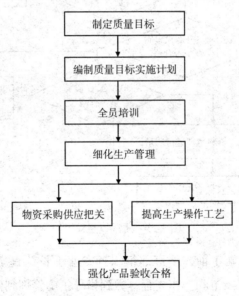

图 3-22　质量管理保证

（2）严格质量控制程序如图 3-23 所示。

（3）建立质量管理组织机构如图 3-24 所示。

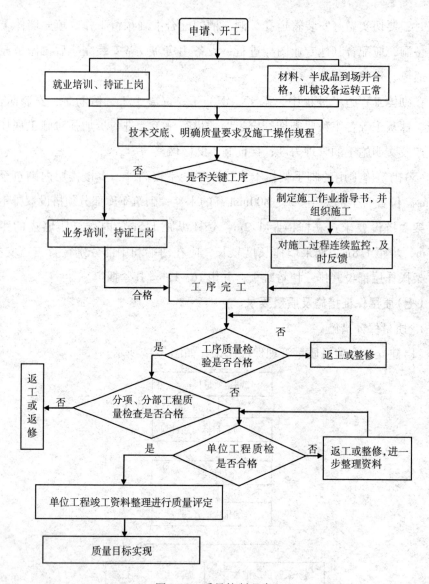

图 3-23　质量控制程序

（4）各分项工程施工前，项目部组织各专业工长认真学习设计施工图纸、相关技术标准、施工规范和操作规程；做到指导正确管理到位。

（5）施工前，项目部应向项目部工长及劳务公司施工班组进行较详细的施工技术交底，并严格执行施工中各工序的自检、互检、交接检制度；简称"三检制度"；进行施工中的过程控制。

（6）建立岗位责任制度及质量监督制度，分工明确，责任明确。

（7）严格按工序质量控制程序进行施工，确保施工质量。

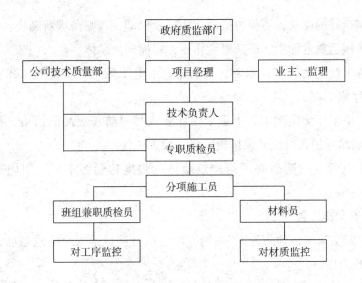

图 3-24 质量管理组织机构

(8)施工过程中建立有效的质量信息反馈、严格质量检查制度。

(9)对操作人员,实行定部位定人,层层把关。实行样板引路制度,砌筑的样板需经甲方、监理及项目部验收合格后方能进行大面积施工。

2. 质量要求

(1)砖的干容重、强度等级必须符合设计要求。

(2)砌筑砂浆的强度必须符合设计要求。

(3)砌体砂浆必须密实饱满,水平灰缝的饱满度必须≥80%。

(4)填充墙砌体留置的拉墙筋位置及块体皮数应与设计要求相符。

(5)填充墙砌体一般尺寸允许偏差,见表 3-14。

表 3-14 质量要求

序号	混水墙	10	允许偏差	检查方法	检查数量
1	水平灰缝厚度		+10、−5	用尺检查	每层不少于 2 处
2	垂直缝宽度		+10、−5	用尺检查	每层不少于 2 处
3	门窗洞口宽度(后塞口)		+10、−5	用尺检查	检验批洞口的 10%,且不少于 5 处
4	清水墙面游丁走缝		20	吊线和尺检查,以第一皮砌块为准	抽 10%,但不少于 3 间,每间不少于 2 处

(八)成品保护措施

(1)在楼面上从斗车上卸砌块时,一定要用人工搬卸并且轻拿轻放,严禁翻车,保护砌块棱角,应尽量避免冲击、撞击楼面。

（2）砌筑好的砌块，不得再撬动、碰撞、松动，否则需重新砌筑。

（3）机械运输过程中，严禁野蛮作业，碰撞砌块墙体。

（4）施工现场砌筑工、木工、钢筋工、水电工等工种交叉施工作业中，严禁违反程序施工。

（5）严格工序交接制度，下道工序作业人员对防止成品的污染、损坏负直接责任，成品保护人对成品保护负监督、检查责任。

（6）水电管线的暗敷必须待砌筑墙体的强度达到要求后，用切割机切割管槽。

（九）安全施工管理

坚持"安全第一，预防为主"原则，严格执行项目部安全管理制度，加强施工过程管理力度。

（1）进场的施工人员必须戴好安全帽，在使用脚手架及临边砌筑时，施工人员必须系好安全带，穿防滑胶底鞋。

（2）临边作业时严禁在临边脚手架上进行砌块的砍切，以免碎块坠落伤人。

（3）手持电动工具使用前必须做空载检查，运转正常后方可使用，所有用电设备在拆修或移动时，必须断电后方可进行。

（4）作业面施工时，必须注意现场临电的设置、使用，不得随意拉设电线、电箱。无关人员禁止使用临电设施；临电设施必须定期检查，保证临电接地，漏电保护器，开关齐备有效。

（5）加强"四口五临边"的防护，严禁任意拆除。

（6）未经技术部同意，严禁私自拆除外架拉结杆件、割除连墙预埋件等。

（7）砌块堆放场地必须坚实平整，码放整齐，堆放高度不得超过2m。

（8）施工中要注意防火，每层楼应在明显位置配备有两个灭火器备用。

（十）文明施工管理

现场文明施工代表一个企业的整体企业形象和宣传企业文化的基础阵线，更是一个城市的文明窗口。故在本分部工程中应重点注意以下几点：

（1）施工现场场地平整，道路畅通。

（2）现场临时水电由机电工长管理，不得有常流水，长明灯。严禁任意拉线接电。

（3）现场使用的机械设备，要经常保持机身等周围环境的清洁。

（4）现场操作地点及周围必须清洁整齐，做到工完场清。杜绝材料浪费现象。

（5）不准乱扔垃圾及杂物，定期及时清运。

（6）材料堆码整齐，当天拌和砂浆当天用完，砌块及时运输至施工楼层并堆码整齐。

学习情境四　零星砌体的施工

学习目标

能组织地面、烟囱、烟道等零星砌体的施工。

技能目标与知识目标：

（一）技能目标

1. 零星砌体的施工组织。

2. 零星砌体的质量检查验收。

3. 零星砌体的安全施工。

4. 会编制零星砌体的施工方案。

（二）知识目标

1. 各种零星砌体的构造。

2. 各种零星砌体的工程用料。

3. 各种零星砌体的砌筑工艺。

学习任务

（一）地面砖铺筑施工

（二）乱石路面铺筑施工

（三）烟囱、烟道砌筑

（四）砖水塔砌筑

（五）窨井、粪池砌筑

（六）砖柱砌筑施工

学习任务一 地面砖路面铺筑施工

学习目标

通过本单元知识的学习，学会地面砖路面铺筑施工；会根据施工规范对地面砖路面铺筑进行检验。

学习任务

砌筑人行道地面砖工程施工。

任务分析

学生通过砌筑人行道地面砖的施工，首先能认识地面砖材料；明白不同地面的构造层在铺筑施工时的具体细节及要求；进而掌握地面砖路面铺筑施工规范。

任务实施

(一)地面砖的类型和材质要求

(1)普通黏土砖。

(2)缸砖。采用陶土掺以色料压制成形后红烧而成。

(3)水泥砖(包括水泥花砖、分格砖)。水泥砖是用干硬砂浆或细石混凝土压制而成，呈灰色、耐压强度高。

(4)预制混凝土大块砖。预制混凝土大块砖用干硬混凝土压制而成，表面原浆抹光，耐压强度高，色泽呈灰色，使用规格按设计要求而定。

(5)墙底砖。墙底砖是以优质陶土为主要原料，成型后经1100℃左右焙烧而成，分无釉和有釉两种。

(6)天然石材。

(7)人工石材及制品。

(二)地面构造层次

地面的构造层次尽管与具体的面材有关，不尽相同，但从总体来看，基本都包含以下几种构造层次，现分别介绍其名称及作用。

1. 面层

直接承受各种物理和化学作用的地面或楼面的表层，地面与楼面的名称即

157

按其面层名称而定。

2. 结合层(黏接层)

面层与下一层相连接的中间层，有时亦作为面层的弹性底层。

3. 找平层

在垫层上或轻质、松散材料(隔声、保温)层上起找平、找坡或加强作用的构造层。

4. 防水(潮)层

防止面层上的各种液体渗下去或地下水渗入地面的隔离层。

5. 保温层

减少地面与楼面导热性的构造层。

6. 垫层

传递地面荷载至基土或传递楼面荷载至结构上的构造层。

7. 基土

地面垫层下的土层(包括地基加强层)。

砖地面和砖楼面的构造层次如图4-1所示。

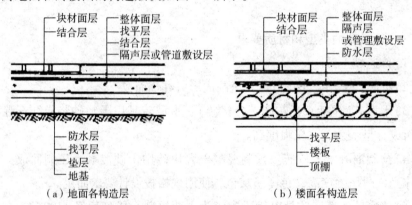

（a）地面各构造层　　　　　　　　　　（b）楼面各构造层

图4-1　砖地面和砖楼面的构造层次

现在从具体面层来看，了解具体面材所对应的具体构造层次。

常见的普通砖地面构造从下到上依次为：素土夯实，素混凝土垫层(有时有用灰土垫层)，砂或干砂结合层(兼微找平)，水泥砖面层。

预制混凝土板块构造层次与水泥砖相同，只是在垫层上一般都常用灰土，而不是素混凝土。

缸砖地面构造从下到上依次为：素土夯实，素混凝土垫层，砂浆找平层，水泥或水泥沙将结合层，砖面层(实际施工时结合层和面层是同时进行的，边铺结合层边放上乱石稳定)。

(三)地面砖铺筑施工

1. 施工准备

地面砖在铺筑前,要先将基层面清理、冲洗干净,使基层达到湿润。砖面层铺设在砂结合层上之前,砂垫层和结合层应洒水压实,并用刮尺刮平。砖面层铺设在砂浆结合层上的或沥青玛脂结合层上的,应先找好规矩,并按地面标高留出地面砖的厚度贴灰饼,拉基准线,每隔 1m 左右冲筋一道,然后刮素水泥浆一道,用 1:3 水泥砂浆找底找平,砂浆稠度控制在 30mm 左右,找平层铺好后,待收水后即用刮尺板刮平整,再用木抹子打平整。

2. 拌制砂浆

地面砖铺筑砂浆一般有以下几种

(1)1:2 或 1:2.5 水泥砂浆(体积比),稠度 2.5~3.5cm,适用于普通黏土砖、缸砖地面。

(2)1:3 干硬性水泥砂浆(体积比),以"手握成团、落地开花"为准,适用于断面较大的水泥砖。

(3)M5 水泥混合砂浆,配比由实验室提供,一般用做预制混凝土块黏接层。

(4)1:3 白灰干硬性砂浆(体积比),以"手握成团、落地开花"为准,用做路面 250mm×250mm 水泥方格砖的铺砌。

3. 排砖组砌

地面砖面层一般依砖的不同类型和不同使用要求采用不同的排砌方法。普通黏土砖的铺砌形成有"直行"、"对角线"、"人字形"等,如图 4-2 所示。在通道内宜铺成纵向的"人字形",同时在边缘的一行砖应加工成 45°角,并与地坪边缘紧密连接。水泥花砖各种图案颜色应按设计要求对色、拼花、编号排列。

缸砖、水泥砖一般有留缝铺贴和满铺满砌法两种,应按设计要求选择铺筑,要求缝隙宽度不大于 6mm。

4. 地面砖的铺筑

(1)在砂结合层上铺筑。按地面构造要求基层处理完毕,找平层结束后,即可进行砖面层铺砌。

①按设计要求选定的铺筑方法进行预排砖;如在室内首先应沿墙定出十字中心线,由中心向两边预排砖试铺,如铺筑室外应在道路两头各砌一排砖找平,以此作为标准砌砖地面和路面。

(a)直行   (b)人字形

图 4-2　地面砖排砌方法

②挂线铺砌。在找平层上铺一层 15~20mm 厚的黄砂，并洒水压实，用刮尺找平，按标筋架线随铺随筑。砌筑时上棱跟线以确保地面和路面平整，其缝隙宽度不大于 6mm，并用木锤将砖块敲实。

③填充缝隙。填缝前，应适当洒水并将砖拍实整平。填缝可用细砂、水泥砂浆。用砂填缝时，可先将砂撒于路面上，在用扫帚扫入缝中。用水泥砂浆填缝时，应预先用砂填缝至一半的高度，再用水泥砂浆填缝扫平。

（2）在水泥或石灰砂浆结合层上铺砌。

①找规矩、弹线。在房间纵横两个方向排好尺寸，缝宽以不大于 10mm 为宜，当尺寸不足整块砖的位数时，可裁割半块砖用于边角处，尺寸相差较小时，可调整缝隙。根据确定后的砖缝和缝宽，在地面上弹纵横控制线，约每隔 4 块砖弹一根控制线，并严格控制方正。

②铺砖。从门口开始，纵向先铺几行砖，找好规矩（位置和标高），以此为筋压线，从里面向外退着铺砖，每块砖都要跟线。铺砌时，先扫水泥砂浆于基层，砖的背面朝上，抹铺砂浆，厚度不小于 10mm，砂浆应随铺随拌，拌好到用完不超过 2 小时，将抹好灰的砖，码砌到扫好水泥砂浆的基层上。砖上棱要跟线，用木锤敲实铺平。铺好后，再拉线拨缝修正，清除多余砂浆。

③勾缝。分缝铺砌的地面用 1:1 水泥砂浆勾缝，要求勾缝密实，缝内平整光滑，深浅一致。满铺满砌法的地面，则要求缝隙平直，在敲实修整好的面砖上撒干水泥面，并用水壶浇水，用扫帚将水泥浆扫入缝内，将其灌满并及时用拍板拍振，将水泥浆灌实，最后用干锯末扫净，同时修正高低不平的砖块。

（3）在沥青玛脂结合层上铺筑。

①在沥青玛脂结合层上与铺砌在砂浆结合层上，其弹线、找规矩和铺砖等

方法基本相同，所不同的是沥青玛脂要经加热（150～160℃）后才可摊铺。铺时基层应刷冷底子油或沥青稀胶泥，砖块宜预热。当环境温度低于5℃时，砖块应预热到40℃左右，冷底子油刷好后，涂满沥青玛脂，其厚度应按结合层要求稍增厚2～3mm，随后铺砌砖块并用挤浆法把沥青玛脂挤入竖缝内，砖缝应挤严灌满，表面平整。砖上棱跟线放平，并用木锤敲击密实。

②灌缝。待沥青玛脂冷却后铲除砖缝口上多余的沥青，缝内不足之处再补灌沥青玛脂，达到密实。

5. 地面砖铺砌后的养护

普通黏土砖、缸砖、水泥砖面层，铺完面砖后，在常温下48小时放锯末浇水养护。3天内不准上人。整个操作过程应连续完成，避免重复施工影响已贴好的砖面。路面预制混凝土大板块铺完后应养护3小时，在此期间不得开放交通。

（四）地面砖铺筑的质量标准

（1）面层所用板块的品种、质量必须符合设计要求，面层与基层的结合（黏接）必须牢固、无空鼓（脱胶）。

（2）板块面层的表面质量应符合以下规定：表面清洁，图案清晰，色泽一致，接缝均匀，周边顺直，板块无裂纹、掉角和缺棱等现象。

（3）地漏和供排除液体用的带有坡度的面层应符合以下规定：坡度符合设计要求，不倒泛水，无积水，与地漏（管道）结合处严密牢固，无渗漏。

（4）楼梯踏步和台阶的铺贴应符合以下规定：缝隙宽度基本一致，相邻两步高差不超过15mm，防滑条顺直。

（5）楼地面镶边应符合以下规定：面层邻接处镶边用料及尺寸符合设计要求和施工规范规定，边角整齐、光滑。

（6）路面排水应符合以下规定：路面的坡向、雨水口等符合设计要求，泄水畅通、无积水现象。

（7）预制混凝土块路面应符合以下规定：铺设稳固，表面平整，无松动和缺棱掉角，缝宽均匀、顺直。

（8）各种路面的路边石应符合以下规定：路边石顺直，高度一致，棱角整齐。

（9）普通黏土砖、水泥花砖、缸砖的允许偏差见表4-1，预制混凝土板块和水泥方格砖路面允许偏差见表4-2。

表 4-1　普通黏土砖、水泥花砖、缸砖的允许偏差　　　　单位：mm

项次	项目	水泥花砖	缸砖	普通黏土砖		检验方法
				砂垫层	砂浆垫层	
1	表面平整度	3	4	8	6	用 2 米靠尺及塞尺
2	缝格平直	3	3	8	8	拉 5m 通线和尺量
3	接缝高低差	0.5	1.5	1.5	1.5	尺量和塞尺
4	板缝间隙	2	2	5	5	尺量

表 4-2　预制混凝土板块和水泥方格砖路面允许偏差

项目	允许偏差（mm）	检验方法
横坡	0.5/100	用坡尺检查
表面平整度	7	用 2m 靠尺及塞尺
接缝高低差	2	用直尺及塞尺

学习任务二　乱石路面铺筑施工

学习目标

通过本单元知识的学习，使学生学会乱石路面铺筑施工；学会根据施工规范对乱石路面铺筑进行检验。

学习任务

砌筑人行道乱石路面工程施工。

任务分析

学生通过砌筑人行道乱石路面的施工，首先能认识乱石路面材料；了解不同地面的构造层在铺筑施工时的具体细节及要求；进而掌握乱石路面铺筑施工规范。

任务实施

乱石路面一般情况分为大乱石（常为大卵石）路面和小毛石路面两种，其铺筑工艺和要点包括以下一些内容。

（一）乱石路面铺筑的工艺顺序

准备工作→拌制灰土→排石组砌→铺石块→养护、清扫干净。

（二）乱石路面铺筑的操作要点

大乱石路面用于园林、庭院，有一定的装饰作用。基层要求坚硬些，乱石挤紧后灌浆，将石面露出 10 ~ 20mm，或用砂浆铺筑挤紧，砂浆层要低于石面。

小毛石块的路面，一般选用拳头大小的石块，铺筑在较坚实的基层上和较松散的垫层中，边铺边用石块挤紧，后灌砂压实做成路面。

1. 乱石路面的材料要求和构造层次

乱石路面用不整齐的拳头石和方头片石铺砌。它的构造分别是：基层、垫层、找平层、结合层和面层。使用的垫层和结合层材料一般为煤渣、灰土、砂石、石渣。

2. 摊铺垫层

在整理好的基层上，按设计规定的垫层厚度均匀摊铺砂或煤渣或灰土，经压实后便可铺排面层块石。

3. 找规矩、设标筋

铺砌前，应先沿路边样桩及设计标高，定出道路中心线和边线控制桩，再根据路面和路的横断面的形状要求。顺从横向间距 2m 左右的地方设置标志石块，即一断面的路形带，带宽约 300 ~ 500mm，然后纵向拉线，按线铺砌面石。

4. 铺砌石块

铺砌一般从路的一端开始，在路面的全宽上同时进行。铺砌时，先选用较大的石块铺在路边缘上，再挑选适当尺寸的石块铺砌中间部分，要纵向往前赶砌。路边石块的铺砌进度，可以适当比路中石块铺砌进度超前 5 ~ 10m。铺砌石块的操作方法有顺铺法和逆铺法两种：顺铺法，人蹲在已铺好的石块路面上，面向垫层边铺边前进，此种铺法，较难保证路面的横向拱度和纵向平整度，且取石操作不方便；逆铺法是人蹲在垫层上，面向已铺好的路面边铺边后退，此法较容易保证路面的铺砌质量。要求砌排的石块，应将小头朝下平整面、大面朝上，石块之间必须嵌紧、错缝、表面平整、稳固适用。

对于卵石路面，一般在做完一段后砂浆未硬化时，进行检查有无缺陷，发现问题及时修补重新铺筑，完成后，主要依靠石块和砂浆的结合承受荷载，不再用压路机等碾压。

5. 嵌缝压实

铺砌石块时除用手锤敲打平路面外，还需在块石铺砌完毕后，嵌缝压实。

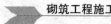
铺砌拳头石路面，第一次用石渣填缝、夯打，第二次用石屑嵌缝，小型压路机压实。方头片石路面用煤屑嵌缝，先夯打，后用轻型压路机压实。

6. 乱石路面铺筑后的养护

乱石路面铺筑完成后，一般浇水清扫，养护 3 天以上才能通行。如用卵石浆铺的路面要用湿草帘覆盖，浇水养护 7 天以上才能走人。

（三）地面砖、乱石路面铺筑应预控的质量问题

1. 地面标高错误

地面标高的错误大多出现在厕所、盥洗室、浴室等处。一般要求这些房间地面比其他房间低 20～30mm，出现标高错误的主要原因是楼板上皮标高超高，防水层或找平层过厚，做完铺贴的砖面层后不显得低，甚至高出别的房间，造成水向室外流泄。

预防措施：在施工结构或做地面之前，应对楼层房间的标高认真核对，防止超高或错误，有问题应事先设法纠正。其次做地面各层构造层时应严格控制每遍构造层的厚度，防止超高。

2. 泛水边小或局部倒坡

其主要原因：地漏安装的标高过高，基层处理不平，有凹坑而造成局部存水，基层坡度没有找好，形成坡度过小或倒坡。解决办法：首先应给准墙上 50cm 的水平线，水暖工安装炉时标高要正确，依据标高线确定地漏面比地面低 20～30mm。使地面做好后在该处形成一个圆形凹坑，以便于排水，并应在做房间找平时，由四边墙向地漏披水，抹好朝地漏落水呈放射形的坡度筋，按规矩施工。

3. 地面不平、出现小的凹凸

造成此问题的原因：砖的厚度不一致，没有严格挑选，或砖面不平，或铺贴时没敲平、敲实，或养护未结束，过早上人等。解决方法：首先要选好砖，不合格、不标准的砖必须剔除不用，铺筑时要敲实平整，在施工中和铺完后一段时间内封闭入口，经养护达到要求后才可进入操作。

4. 黑边

一般出现在边角处，铺至边缘时不足一块或一块稍多，不是按规定切割砖块补足，而是用水泥抹平处理，形成黑边影响观感。解决方法：排砖时要算准砖块，对边缘不足的地方按规定切割砖块补贴好，不能图一时省事或省料而随意处理。

5. 路面塌陷

其主要原因：路面下基层、垫层分层夯实，而后做好密实度的取样试验工作，试验合格后方可进行上部面层的施工。再有应查清该路面下是否有暗沟、暗管，这些部位受荷载后就会下沉，要根据具体情况按上述原则进行处理到合格为止。

6. 路面混凝土板块松动

造成此问题的原因：砂浆干燥、影响黏接度，夏季施工浇水养护不足早期脱水。若用砂与石灰拌制的混合料做结合层时，可能其中夹杂石块造成软硬不均匀，受力后翘曲。解决办法：用砂浆铺筑时要求砂浆的稠度适当，铺设时应边铺砂边码砌砸实，检查平整，充分养护；用砂和石灰做结合层铺筑时，砂要过筛，石灰粉化应充分，并要过筛，拌和均匀；砂浆铺面不宜过大，防止砂浆在未铺砌砖时已干燥；夏期施工必须浇水养护3天，养护期内严禁车辆滚压和堆放重物。

学习任务三　烟囱、烟道砌筑

学习目标

通过本单元知识的学习，使学生学会烟囱、烟道的砌筑；学会根据工程需要，安全合理搭设及拆除脚手架。

学习任务

砌筑烟囱工程。

任务分析

通过烟囱工程砌筑实践，学生首先知道烟囱砌筑的工艺，操作要点；其次了解烟囱安全施工要求及施工质量规范；掌握烟囱外脚手架搭设规范知识。

任务实施

(一)烟囱、烟道砌筑的工艺顺序

准备工作→排砖摆底→砌筑基础→检查校核→砌筑囱身(包括内衬砌筑、软件安装)→勾缝结束。

(二)烟囱、烟道砌筑的操作要点

1. 施工准备

(1)技术准备。首先熟悉图样，因砖砌烟囱比一般砖墙复杂，施工前应认真阅读图样，弄清烟囱各部位的构造及施工要求，如基础的埋置深度、基础大放脚的断面尺寸和收退情况、囱身沿高度按厚度不同分成的段数，以及每段囱身高度和壁厚情况；同时，还应弄清囱身底部烟道入口及出灰口的部位和留置尺寸；弄清附属设施(如铁爬梯、护身栏、休息平台、避雷针、信号灯等)的埋设要求和留置部位。其次，对前道工序进行验收、大放脚墨斗线是否完全和清晰，必要时应根据龙门板基准线检查基础弹线的准确程度，在确保放线位置无误后才能砌筑。

(2)工具准备。砌烟囱时除常用工具之外还应准备以下工具：

①十字杠和轮圆杆。十字杠可用 50mm 厚、100mm 宽刨光方木叠在一起组成，中间用 $\phi 10$ 螺栓的中心下部焊一小钩，作为悬挂大线锤用。十字杠在砌筑烟囱时作为控制标高和收分坡度、检查中心垂直度的主要工具，十字杠和轮圆杆如图 4-3 所示。

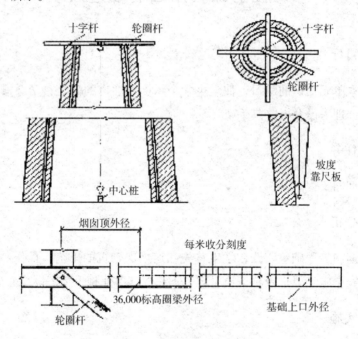

图 4-3　十字杠和轮圆杆

②大线锤。这种线锤需要特制，一般重 5 ~ 10kg。使用时用细铁丝吊挂、对中，用来控制和保证砌筑时的中心垂直度。由十字杠中心下挂，使锤尖与底部烟囱中心点对准。

③收分托线板。它是用来检查囱身外壁的收坡准确度和表面平整度，收分托线板是以图样规定的收坡要求自制的计算器具。

④铁水平尺。它是用来放在十字杠上，检查囱身各点是否在同一水平面上的工具，以控制烟囱上口水平、避免烟囱口倾斜。

⑤锯砖用砂轮机。有条件的单位应设置，主要用于加工异形砖，尤其是在砌内衬耐火砖时作用更大，比瓦刀砍砖质量更好。

（3）材料准备。

①砌筑用砖。由于烟囱为高耸构筑物，同时受烟气热力的作用，因此它的强度必须符合设计要求，事先应对砖抽查复验。

②耐火砖。标准耐火砖规格有 250mm×123mm×60mm× 和 230mm×113mm×65mm 两种，异形耐火砖规格按需要加工制作。耐火砖按其耐火程度分为普通耐火砖和高级耐火砖两种：普通耐火砖其耐火程度为 1580～1770℃，高级耐火砖其耐火程度为 1770～2000℃。按其化学性能进行选择，准备材料。

③砌筑砂浆。囱身外壁的砌筑砂浆，强度等级应按设计规定采用，一般采用不低于 M5 的水泥混合砂浆，在其顶部 5m 范围内，宜将砂浆强度等级提高到 M7.5。当采用配筋砖筒壁时，应采用不低于 M7.5 的水泥混合砂浆，在其顶部 5m 范围内，宜将砂浆强度等级提高到 M7.5。当采用配筋砖筒壁时，应采用不低于 M7.5 的水泥混合砂浆。

④囱身内衬的砂浆。当烟气温度低于 400℃时，可用普通黏土砖砌内衬，这时可用 M2.5 以上水泥混合砂浆砌筑。其耐火黏土生料和熟料配合比为 1∶2；当耐热混凝土预制块用上述的泥浆砌筑时，应再加入 20% 的水泥拌和。配制耐火泥浆时应注意根据不同种类的耐火砖性能，采用相应配合比的耐火泥浆。

2. 基础砌筑

基础排砖摆底前先根据大放脚底标高位置检查基底标高是否准确，如需要找平的，则应要求找平到皮数杆第一皮整砖以下，找平厚度大于 20mm 时，应用 C20 细石混凝土找平，厚度小于 20mm 的，可用 1∶2 水泥浆找平，基地找平后应浇水湿润，然后才可进行下一步施工。

（1）定位找中。在烟囱基础垫层及钢筋混凝土底板施工完成后，经过施工测量在底板上放出中心十字线，并安置好中心桩（桩中心点用小钉钉上），并根据中心桩放出砖基础边线，作为砖瓦工砌筑的依据。在准备工作时也可以利用烟囱定位时的龙门桩中心，用细麻线绷紧拉垂直相交线，检查烟囱中心点是否符合，基础边线是否准确，同时还要检查基础皮数杆的标高与龙门板是否符合，随后开始排砖摆底，进行砌筑。

（2）排砖摆底。开始砌筑时应在圆周上摆砖，采用丁砌法砌筑排列，摆砖合适之后，方可正式砌砖。排砖的立缝控制在：内圈缝不小于 5mm，外圈缝不大于 12mm。

（3）基础砌筑。基础大放脚沿圆圈向中心收退，退到基础部分的囱壁厚时，要根据中心桩检查一次基环墙中心线是否准确，找准后再砌基础部分的囱壁。基础囱壁呈圆筒形，一般设有收分坡度，可以用普通托线板检查垂直度，砌筑高度按皮数杆而定。

（4）进行自检。基础砌完后要进行垂直度和水平标高、中心偏差、圆周尺寸（圆度）、上口水平等全面检查，合格后抹好防潮层，在囱壁上放出水平标高线，就可以砌筑基础以上的囱身了。

3. 烟囱身砌筑

（1）排砖组砌。基础检查合格后，即可在基础上口防潮层上按囱身尺寸排砖，排砖时可以不考虑基础外壁的立缝位置，砌时应按囱身清水砌砖仔细排放，排砖要均匀，产缝里口不小于 5m，外口不大于 15mm。如果烟囱直径较小，排砖立缝不能满足此要求时，为了使灰缝均匀，可将砖先加工成楔形，必须注意加工后的砖宽应大于原砖宽 2/3 以上。外壁砌筑时的水平缝应控制在 8～10mm，环向的竖缝应交错 1/2 砖，放射缝应交错 1/4 砖，小于 1/2 砖的碎砖不得使用。

图 4-4 所示为 $1\frac{1}{2}$ 砖厚及 2 砖厚囱壁的砌砖错缝方式。

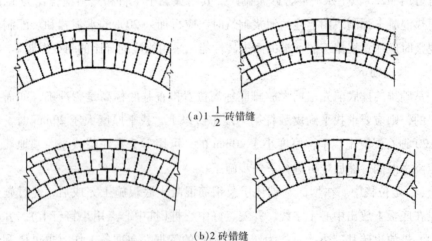

(a) $1\frac{1}{2}$ 砖错缝

(b) 2 砖错缝

图 4-4　错缝方式

砌时要求先砌外圈，后砌内圈，最后填中心砖。方烟囱可不用丁砌法，而用丁顺砌法。必须注意的是，在收分时不能砍四角砖，而应在平直部分调整砖的大小，逐步减少砖块，同样立缝灰缝应控制在 8～12mm。

（2）圆烟囱的检查控制。圆烟囱囱身自身砌筑开始就要设计要求收坡，砌筑时主要依靠十字、轮圆杆和收分托线板控制囱垂直度和外壁坡度。用十字杠中心悬挂大线锤对中后，查看砌口处收分尺寸有无偏差，看烟囱有无倾斜；再用轮圆杆转一周检查囱身是否圆，并用钢尺从 ±0.000 标高线往上量高度看是否准确，对照十字杠收分的标高是否符合；再用坡度靠尺板检查外面的平整度；最后用铁水平尺检查是否符合；再用坡度靠尺板检查外面的平整度；最后用铁水平尺检查上口水平。凡是发现偏差超过规范要求的要拆除重砌。偏差较小的亦应在砌筑中及时纠正。

（3）方烟囱的检查控制。检查方烟囱的中心垂直度，可采用小型字杠，不过检查时应放在对角线位置，以对脚线的收分尺寸为杠上划出标志，其收分数值等于外分尺寸 1.4142 倍。方烟囱收坡应算出每皮收退多少，每米高以 16 皮砖厚算，则每皮砖仅收坡 1.25mm，砌时可用手感测定。

4. 烟囱节点砌筑

（1）烟囱入口清灰口和散热口。烟道入口顶部的拱碹砌筑很重要，它的拱脚在囱身空出的尺寸不同，如图 4-5 所示。囱身由该处与烟道相接，因此在囱身开始砌筑时，应注意在烟道入口的两侧砌出的砖垛，两侧砖垛的砖层要在同一标高上，拱座时垂直砌筑，而囱身是向内收坡，因此要注意防止砌成错位墙。后面的灰口较小，但砌时亦应要求相同。此外，要求相同。此外，囱身外壁上的通风散热孔，应按照图样要求留出 60mm×60mm 见方的孔洞。外壁砌筑时灰缝要随刮缝。勾缝，缝要勾成雨缝，形式如图 4-6 所示。

（2）顶部收口。囱壁顶部应向外壁外侧挑砖形成出檐，一般挑出 3 皮砖约 180mm，挑出部分砂浆要饱满，完工后顶面应用 1:3 水泥砂浆抹成排水坡。

（3）放置囱身附件。砌入囱身的铁身的铁活附件，均须事先涂防锈漆，按设计位置预埋牢固，不得遗漏。上人的爬梯铁镫应埋入壁内最少 240mm，并应用砂浆窝切结实。环向铁箍应按设计要求安装，螺钉拧紧后，应将外漏钉扣凿毛，防止螺母松脱，每个铁箍的接头应上下错开。上部有铁休息的平台，应按图安装，用 C20 以上混凝土浇筑牢固，砌时应按图在铁脚埋入位置留出混凝土浇筑范围。地震设防在烟囱内加设的纵向及环向抗震钢筋，砌筑时必须按图样要求认真埋放，所有露铁件均要在防锈漆外再刷二度调和漆完成施工。

5. 烟囱内衬的砌筑

砖烟囱的内衬一般随外壁同时砌筑，内衬的厚度依烟气温高低而定。内衬壁厚为 1/2 砖时可用顺砖砌筑，互相咬 1/2 砖。用黏土砖做内衬时，灰缝的厚

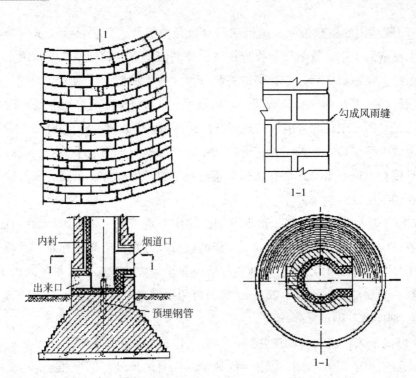

图 4-5　烟道入口处囱身的拱口示意图

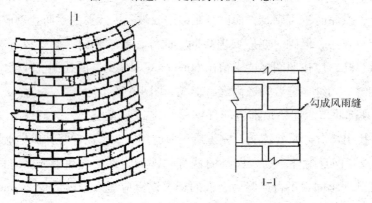

图 4-6　风雨缝的形式

度不大于 80mm，耐火砖做内衬时，灰缝厚度不大于 40mm。随砌随刮去挤出的舌头灰。为了内衬的稳定，在砌筑时应每隔 10mm 的高度上，砌一块丁砖顶在外壁上形成梅花形支点，使之稳固。

内衬砌筑时，要用小木捶打砖块，使水平灰缝和垂直灰缝挤压密实。内衬每砌高 10mm，应在内侧表面刷耐火泥浆一遍，以堵严灰缝缝隙，达到不漏烟的目的，囱身外壁和内衬之间有一层隔热层，一般留出 60mm 空间，砌筑时不允许落入砂浆和其他杂物。如设计需要填隔热材料时，则应每砌 4～5 皮砖就填充一次，并轻捣实。为减轻因隔热材料的自重而产生的体积沉缩，防止隔热效果降低，一般在内衬高度上每隔 20～25mm 砌一圈减荷带。当内衬砌到顶面时，外壁应砌出向内挑的砖檐，挡住隔热层上口，避免尘埃落入其内，如图 4-7 所示。

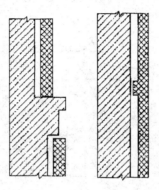

图 4-7　内衬顶挑砖檐和减荷带示意图

6. 烟道的砌筑

烟道同样是排除炉灶烟气的构筑物，它在施工砌筑时应注意以下步骤。

有时可以利用烟道后砌调整炉灶和烟囱间的距离在尺寸上的偏差。一般砌筑先根据在烟道垫层上放线和弹出外壁及内衬的墨线排砖，排砖时烟道两端（即与炉窑一端和与烟囱一端的接头处）要留出 30mm 的变形缝。烟道砌筑时，外壁和内衬应同时进行，并要立皮数杆控制高度。当砌到烟道墙的顶部时，凡是拱碹做顶的应将拱脚处的砖面砍出斜面，留置拱脚，砌时防止灰浆杂物落入隔热层缝隙中。随后在烟囱内支撑拱顶模架，经检查无误后可开始发碹砌筑拱顶。砌拱顶时，应先砌内衬耐火的拱顶，砌好后再将其顶上填放两层草帘并稍加砂浆抹平约厚 60mm，作为外壁拱顶的底模，最后在炉灶使用时高温烟气可以使草帘燃烧成灰烬，形成一个空腔隔热带。烟道砌法和筒拱一样，砌好后可灌浆刮平，保证灰缝严密不漏气，砌时内衬灰缝不大于 40mm，外壁灰缝控制在 100mm 左右，待砂浆强度足够拆除内部胎膜。胎膜拆除后可在烟道内的底面铺砌底部耐火砖，其厚度一般为半砖，错开 1/2 砖咬合，铺砌好后刮平扫浆，使灰缝严密。最后在两端沉降缝外要用石棉绳堵密实，再用耐火砂浆勾缝抹平。

（三）烟囱外脚手架

采用外脚手架施工，仅适用于 450mm 以下，上口直径小于 20mm 的中、小型烟囱。当烟囱直径超过 20mm，高度超过 450mm 时，可采用井架提升平台施工。

1. 烟囱外脚手架的基本形成

烟囱呈圆锥形，高度较高，其施工脚手架的形式应根据烟囱的体型、高度、搭设材料等确定。

（1）扣件式钢管烟囱脚手架。扣件式钢管烟囱外脚手架一般搭设成正方形或正六边形（图4-8）

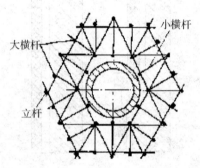

图 4-8　扣件式烟囱外脚手架

（2）碗扣式钢管烟囱脚手架。碗扣式钢管烟囱脚手架一般搭设成正六边形或正八边形（图4-9）。搭设碗扣式正六边形脚手架时，所需杆件的尺寸见表4-3。

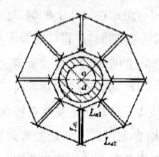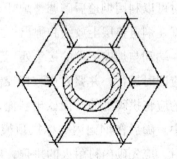

图 4-9　碗扣式烟囱脚手架

表 4-3　六边形脚手架的构造尺寸

序次	内径 r1	外径 r2	Lb = r2 − r1	La1	La2
1	900	1800	900	900	1800
2	900	2100	1200	1200	2100
3	1200	2100	900	1200	2100
4	1200	2400	1200	1200	2400
5	1500	2400	900	1500	2400

碗扣式钢管脚手架的杆件为定型产品，其尺寸为 9mm、12mm、18mm、

21mm 和 24mm，目前无 15mm 和 21mm 两种型号，但可以最终生产。

（3）门式钢管烟囱脚手架。门式钢管烟囱脚手架一般搭设成正八边形形式（图4-10）

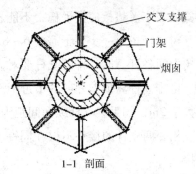

图 4-10   门式钢管烟囱脚手架

2. 烟囱外脚手架 的搭设

（1）施工准备。

①工程负责人应根据工程施工组织设计中有关烟囱脚手架搭设的技术要求，逐级向施工作业人员进行技术交底和安全技术交底。

②对脚手架材料进行检查和验收，不合格的构、配件不准使用，合格的构配件按品种、规格，使用顺序先后堆放整齐。

③搭设现场应清理干净，夯实基土，场地排水畅通。正方形脚手架放线方法：取 4 根杆件，量出长度 L，做好记号并画上中点，然后把这 4 根杆件在烟囱外围摆成正方形。4 根杆的中点与烟囱中心线对齐，两对角线长度相等（图4-11），杆件垂直相交的四角即为里排立杆的位置。其他各里排立杆的位置及外排立杆的位置随之都可以确定。

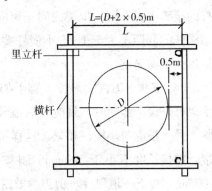

图 4-11   脚手架

六边形脚手架放线方法：取 6 根杆件，量出长度 L，做好记号并画上中点，然后将这 6 根杆件在烟从外围摆成正六边形，6 个角点即为 6 根里排立杆的位置（图4-12），接着即可确定其他各根里排立杆和外排立杆的位置。

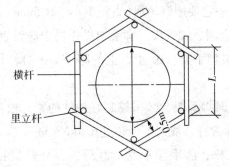

图 4-12   正六边形脚手架

（2）铺设垫板、安放底座、树立杆。按脚手架放线的立杆位置，铺设垫板和安放底座。垫板应铺平稳，不能悬空，底座位置必须准确。

树立杆搭第一步架子需要 6~8 人工作，互相配合，先树各转角处的立杆，后树中间各杆，同一排的立杆要对齐、对正。

里排立杆离烟囱外壁的最近距离为 40~50mm，外排立杆距烟囱外壁的距离不大于 2m，脚手架立杆纵向间距为 1.5m。

相邻两立杆的接头不得在同一步架、同一跨间内，扣件式钢管立杆应采用对接。

（3）安放大横杆、小横杆。立杆树立后应立即安装大横杆和小横杆。大横杆应设置在立杆内侧，其端头应伸出立杆 100mm 以上，以防滑脱，脚手架的步距为 1.2m。大横杆的接长宜用对接扣件，也可用搭接。搭接长度不小于 1m，并用 3 个扣件。各接头应错开，相邻两接头的水平距离不小于 500mm。相邻横杆的接头不得在同一步架或同一跨间内。小横杆与大横杆应扣接牢，操作层上小横杆的间距不大于 1m。小横杆端头与烟囱壁的距离控制在 100~150mm，不得顶住烟囱筒壁

（4）绑扣剪刀撑、斜撑。脚手架每一外侧面应从底到顶设置剪刀撑，当脚手架每搭设 7 步架时，就应及时搭装剪刀撑、斜撑。剪刀撑的一根杆与立杆扣紧，另一根应与小横杆扣紧，这样可避免钢管扭弯。剪刀撑、斜撑一般采用搭接，搭接长度不小于 500mm。斜撑两端的扣件离立杆节点的距离不宜大于 200mm。最下一道斜撑、剪刀撑要落地，它们与地面的夹角不大于 60°。最下一对剪刀撑及斜撑与立杆的连接点离地面距离应不大于 500mm。

（5）安缆风绳。15m 以内的烟囱脚手架应在各个顶角处设一道缆风绳；150~250mm 的烟囱脚手架应在各个顶角及中部各设置一道缆风绳；25m 以上烟囱脚手架根据情况增置缆风绳。

最上一道缆风绳一定要用钢丝绳（直径不小于 9.5mm）。

（6）设置栏杆安全网、脚手板。脚手架操作层上应设置护身栏杆和挡脚板。每 10 步架要满铺一层脚手架。10 步以上的脚手架护身栏杆应设两道，并在栏杆上挂设安全网。

对扣件式钢管烟囱脚手架，必须控制好扣件的紧、松程度，扣件螺栓扭力矩以达到 4~5kN·m 为宜，最大不得超过 6.5kN·m。

扣件螺栓拧得太松，脚手架承受荷载后，容易发生扣件滑落，发生安全事故。

3. 烟囱脚手架拆除

（1）拆除顺序。拆除构筑物外脚手架与拆除其他脚手架相同，都应遵循先搭设的后拆、后搭设的先拆，自上而下的原则。一般拆除的顺序为：拆除安全网→护身栏杆→挂脚板→脚手板→小横杆→顶端缆风绳→剪刀撑→大横杆→立杆→斜撑和抛撑。

（2）脚手架拆除。拆除构筑物脚手架必须按上述顺序，由上而下一步步地依次进行，严禁用拉倒或推倒的方法。

①拆除缆风绳要格外小心，应由上而下拆到缆风绳处才能对称拆除，严禁随意乱拆。

②拆除后的各类配件应分段往下顺放，严禁随意抛掷。

③运至地面的各类配件，应按要求及时检查、整修和保养，并按品种规格随时堆放，置于干燥通风处，防止锈蚀。

④脚手架拆除场地严禁非操作人员进入。

（四）烟囱、烟道砌筑的质量标准

（1）砖、耐火砖的品种、强度必须符合设计要求。

（2）砂浆、耐火砖泥浆的品种必须符合设计要求，试块强度必须合格。

（3）砌体砂浆必须密实饱满，水平灰缝的砂浆饱满应不小于95%。

（4）囱壁不留直槎。

（5）砌体上下错缝应囱外壁组砌合理，无同心环的竖向重缝，墙面无通缝。

（6）预埋拉结筋应符合以下规定：数量、搭接长度应符合设计要求和施工规范规定，留置间距偏差不超过1皮砖。

（7）囱身外壁应符合以下规定：组砌准确，勾缝深度适宜一致，棱角整齐，墙面清洁美观。

（8）囱身附件的留设准确牢固；基础和囱身实际位置和尺寸的允许偏差见表4-4～表4-6。

表4-4　基础允许偏差

项　　次	偏差名称	允许偏差数值（mm）
1	基础中心点对设计坐标的位移	15
2	基础环壁的厚度	20
3	基础环壁的内半径	杯口内径1%，且最大不超过40
4	基础环壁内半径局部凹凸（沿半径方向）	杯口内径1%，且最大不超过40
5	基础底板的外半径	杯口内径1%，且最大不超过40
6	基础底板的厚度	20

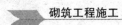

表 4-5　砖烟囱筒壁砌体尺寸的允许偏差

项　次	偏差名称	允许偏差数值(mm)
1	筒壁高度	筒壁全高的 0.15%
2	筒壁任何截面上的半径	该截面筒壁的 1%，且不超过 30
3	筒壁内外表面的局部凹凸不平(沿法径方向)	该截面筒壁的 1%，且不超过 30
4	烟道口的中心线	15
5	烟道口的标高	20
6	烟道口的宽度	−20
	烟道口的高度	+30

表 4-6　砖烟囱中心线垂直度的允许偏差

项　次	筒壁标高(m)	允许偏差值(mm)
1	≤20	35
2	40	50
3	60	65
4	80	15
5	100	85

学习任务四　砖水塔砌筑

学习目标

通过本单元知识的学习，使学生学会水塔的砌筑；学会根据工程需要，安全合理搭设及拆除脚手架。

学习任务

学会水塔工程砌筑。

任务分析

通过水塔工程实践砌筑，学生首先知道水塔砌筑的工艺、操作要点；其次明白水塔安全施工要求及施工质量规范；掌握水塔外脚手架搭设规范知识。

任务实施

(一)砖水塔砌筑的工艺顺序

准备工作→排砖摆底→砌筑基础→检查校核→砌筑塔身(包括洞口留设、铁件安装)→勾缝结束。

(二)砖水塔砌筑的操作要点

1. 施工准备

首先要熟悉图样，因砖砌水塔墙体比一般砖墙复杂些，施工前应认真阅读图样，弄清水塔各部门的构造及施工要求，如基础的埋置深度、基础大放脚的断面尺寸和收退情况，塔身沿高度按厚度是否有不同或分成的段数以及每段塔身高度和壁厚的情况，同时还应弄清塔身底部附属设施房间或小建筑物入口及窗洞口的部位和留置尺寸，弄清附属设施(如铁爬梯、护身环、休息台、避雷、信号灯等)埋设要求和留置部位。

其次对前道工序进行验收。如检查基础的尺寸和标高是否正确，中心位置有无差错，大放脚墨斗线是否完全和清晰，必要时应根据龙门板基准线检查基础弹线的准确程度。在确保放线位置无误后才能砌筑。

2. 工具准备

水塔筒身和砌烟囱应准备的工具基本相同。

3. 基础砌筑

基础排砖摆底前先根据大放脚底标高位置检查基底高是否准确，如需要做找平，则应要找平到皮数杆第 1 皮整砖以下，找平厚度大于20mm时，应用C20细石混凝土找平，厚度小于20mm的，可用1:2水泥和砂浆找平，基底找平后应浇水湿润，然后才可以进行下一步施工。

(1)定位找中。在水塔基础垫层及钢筋混凝土底板施工完成后，经过施工测量在底板上放出中心十字线，并安置好中心桩(桩中心点用小钉钉上)，并根据中心桩放出砖基础边线，作为砖瓦工砌筑的依据。在准备工作时也可以利用水塔中心点是否符合、基础边线是否准确，同时还要检查基础皮数杆的标高与龙门板是否符合，随后开始排砖摆底，进行砌筑。

(2)排砖摆底。开始砌筑时应在圆周上摆砖，采用丁砌法砌筑排列，摆砖合适之后，方可正式排砖。排砖的立缝控制在内圈缝不小于5mm，外圈缝不大于12mm。

(3)基础的砌筑。基础大放脚沿圆圈向中心收退，退到基础部分的水塔壁时，要根据中心桩检查一次基础环墙中心线是否准确，找准后再砌基础部分的水塔壁。基础水塔壁呈圆筒形，一般不设收分坡度，可以用普通托线板检查垂直度，砌筑高度按皮数杆而定。为了方便掌握砌筑标高，皮数杆可埋入内侧基础大放脚内，砌筑时应保持皮数杆垂直，做到随时校对皮数，复核标高。

（4）质量自检。基础砌完后要进行垂直度和水平标高、中心偏差、圆周尺寸（圆度）、上口水平等全面检查。合格后抹好防潮层，在水塔壁上放出水平标高线，就可以砌筑基础以上的塔身了。

4. 水塔筒身的砌筑

砌筑要点与囱身基本相同，其不同点是水塔筒身为中空圆柱体。在砌筑前要先看图样了解其高度、直径、内部构造（如有几层平台），记住使用砖的要求、砂浆强度的要求，检查基础（一般为钢筋混凝土基础）的直径、标高埋深等与图样是否相符，中心位置是否定好，才能准备砖、砂浆等材料。砌时对中心垂直度的检查和圆度的检查均同烟囱，只是没有收分，砌筑比较简单，使用的十字械杠外径尺寸不变，但砌时要对中并用轮圆杆检查圆度，筒身的高度也可用钢卷尺从底下定的控制标高线往上量取检查。而外壁垂直平整只需用普通2m托线张板检查。与圆烟囱一样，每砌一步架高可以移动一个位置，使筒身达到平直上升。同时每砌高一步架应进行一次对中直径、圆度、标高、平整度的检查，同时还要用钢卷尺检查10皮砖的厚度是否与交底要求相符，防止水平灰缝过厚或过薄。操作时也须上下相隔的竖缝在一条线上，所以必须进行排砖，砖缝必须按规范规定控制，必要时可以先制作些楔体砖。排砖定好后，砖形一直到顶不会变化，丁头缝位置要控制，必要时可以先制作些楔体砖。筒身边砌边刮灰缝，并勾成风雨缝。由于筒身内有泵房等设施，在外壁上必然有门、窗洞口的留设，预留门窗洞口时，应做到两边垂直，不要留成喇叭形，以免使门窗安装产生困难。此外在砌到工作平台或泵房平台时，要检查标高尺寸是否符合，平台现浇钢筋混凝土板四周和筒身要整体连接。顶部水箱和砌体的连接钢筋，应按图样认真地砌在砌体中，以保证水箱和筒身牢固连接。筒身上的附属设施，如爬铁梯、避雷针的引线、水管支架等均按图样要求准确砌入筒身。

（三）水塔外脚手架

1. 水塔外脚手架的基本形式

水塔的下部塔身为圆柱体，上部水箱凸出塔身，施工时一般搭设落地脚手架，其平面一般采用六边形或四边形，且根据水塔的水箱直径大小及形状，搭设方式可采用上挑式或直通式（图4-13）。

上挑式水塔外脚手架下部为双排脚手架，上部向外挑出。

直通式水塔外脚手架下部为三排或多排，上部为二排。

六边形脚手架平面如图4-13所示，每边里排立杆为3~4根，外挑立杆5~6根。

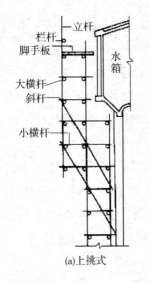
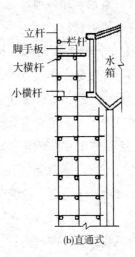

(a)上挑式　　　　　　(b)直通式

图 4-13　外脚手架的基本形式

2. 水塔外脚手架塔设

水塔外脚手架搭设的施工准备、搭设顺序、搭设要求与搭设烟囱外脚手架相同。仅需指出：

（1）上挑式脚手架的上挑部分应按挑脚手架的要求搭设。

（2）直通式脚手架下部为三排或多排，搭至水箱部位时改为双排脚手架，其里排立杆应离水箱外壁 450～500mm。

（3）脚手架每边外侧必须设置剪刀撑，并且要求从底部到顶部连续布置。在脚手架转角处设置斜撑和抛撑。

（四）水塔砌筑的质量标准

1. 水塔砌筑标准

水塔砌筑的标准参看烟囱要求。

2. 砌筑水塔中要防止的质量问题

砌筑砖水塔筒身与砌烟囱相仿，其有利的地方是水塔筒身不用收分，砌筑比较简单。使用的十字杠外径尺寸是不变的。砌时只要对中检查并用轮圆杆检查圆度，而不必考虑收分尺寸与高度的关系。外壁的垂直平整度只要用普通脱线检查。筒身的高度也是钢卷尺从下定的控制标高线往上量取检查，在砌筑中应注意防止以下常见问题。

（1）水塔标高和位置不正确。产生的原因是没有认真看图和检查已完成的部分，砌筑时完全按个人经验进行。避免的方法很简单，即要先仔细阅读图样

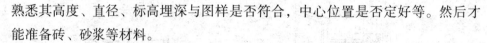

熟悉其高度、直径、标高埋深与图样是否符合，中心位置是否定好等。然后才能准备砖、砂浆等材料。

（2）砌出的筒身游丁走缝，排列无规则、不美观。产生的主要原因是砌筑前没进行排砖，砖缝必须按规范规定控制，必要时可以先制作些模形砖。排砖定好后，砖形一直到顶不会变化，丁头缝位置定好以后，砌时要做到上下一致，同时要求砌筑的工人一定要有此类砌体的操作经验。

（3）筒身不平直，灰缝不均匀。产生的原因是脚手架高度不够时还勉强砌筑，同时检查不够。要避免这种情况，砌筑人员也要与烟囱砌筑一样，每砌高一步架可以移动一个位置，使筒身达到平直上升。同时也要进行一次对中直径、圆度、标高、平整度的检查，还要用钢卷尺检查 10 皮砖厚度是否与交底要求符合，防止水平灰缝过厚或过薄。

（4）忘记预留洞口或预留的洞口无法安装门窗框。产生的原因是洞口两边不平行，留成喇叭形而使门窗安装发生困难。克服此类问题要做到：一旦砌筑这种类型的筒身时，就要意识到筒身内有泵床等设施，在外壁上必然有门、窗洞口。同时筒体是圆形的且有厚度，而门窗框是方形的，所以预留洞口时，应做到洞口两面平行，不要留成喇叭形而使门窗安装发生困难。此外，砌到工作平台或泵房平台时，要检查标高尺寸是否符合，平台现浇钢筋混凝土板四周和筒身要整体连接。

（5）筒身上的附属构件完成后不合格。在筒身上的附属设施，如爬铁梯、避雷针的引线、水管支架等在完成后摆设，使用起来达不到要求甚至不能用。产生的原因是没有认真按图样要求选购件和制作构件，材料挑选不认真，合格的材料在制作过程中马马虎虎，思想上麻痹大意，认为这些小附属东西不重要。克服此缺点要做到：牢固树立按图施工、按规范施工的观念，筒身的质量重要，附属设施同样也重要，如爬梯不牢固可能直接威胁检查人员的生命安全，即使安装时牢固的，但位置偏差大，会给检查人员上下行动带来极大的不便；认真按图样上的说明要求核对构件的材料、形状和在筒身上的分布以及防腐等方面事项。

（6）勾缝错误。砖缝没勾成风雨缝形式，原因是工人依照习惯，按普通砖墙的缝形式来勾筒身缝。克服此问题的要点是：砌筑钱由技术人员对班长和操作工人进行勾缝的技术交底，强调是勾风雨缝而不是其他墙体的平缝、凹缝，要随砌随刮灰缝。同时在施工的前 3 天加强检查，让工人养成习惯后就不会有此质量问题发生了。

学习任务五 窖井、粪池砌筑

学习目标

通过本单元知识的学习，学会窖井、粪池的砌筑；会根据工程需要，安全合理搭设及拆除脚手架。

学习任务

砌筑窖井、粪池工程砌筑。

任务分析

通过窖井、粪池工程砌筑实践，学生首先知道窖井、粪池砌筑的工艺，操作要点；其次明白窖井、粪池安全施工要求及施工质量规范。

任务实施

（一）窖井砌筑

1. 窖井的构造

窖井由井底座、井壁、井圈和井盖构成。形状有方形与圆形两种。一般多用圆窖井，在管径大、管多时则用方窖井。

2. 窖井砌筑要点

（1）材料准备。

①普通砖、水泥、砂子、石子准备充足。

②其他材料，如井内的爬梯铁脚，井座（铸铁、混凝土）、井盖等，均应准备好。

（2）技术准备。

①井坑的中心线已定好，直径尺寸和井底标高已复测合格。

②井的底板已浇灌好混凝土，管道已接到井位处。

③除一般常用的砌筑工具外，还要准备 2m 钢卷尺和铁水平尺等。

（3）井壁砌筑。

①砂浆应采用水泥砂浆，强度等级按图样确定，稠度控制在 80～100mm。冬期施工时砂浆使用时间不超过 2 小时，每个台班应留设一组砂浆试块。

②井壁一般为 1 砖厚(或由设计确定),方井砌筑采用一顺一丁组砌法;圆井采用全丁组砌法。井壁应同时砌筑,不得留搓;缝必须饱满,不得有空头缝。

③井壁一般都要收分。砌筑时应先计算上口与底板直径之差,求出收分尺寸,确定在何层收分,然后逐皮砌筑收分到顶,并留出井座及井盖的高度。收分时一定要水平,要用水平尺经常校对,同时用卷尺检查各方向的尺寸,以免砌成椭圆井和斜井。

④管子应先排到放到井的内壁里面,不得先留洞后塞管子。要特别注意管子的下半部,一定要砌筑密实,防止渗漏。

⑤从井壁底往上每 5 皮砖应放置一个铁爬梯脚蹬,一定要安装牢固,事先涂好防锈漆。

(4)井壁抹灰。在砌筑质量检查合格后,即可进行井壁内外抹灰,以达到防渗要求。

①砂浆采用 1∶2 水泥砂浆(或按设计要求的配合比配制),必要时可渗入水泥含量 3% ~5% 的防水粉。

②壁内抹灰采用底、中、面 3 层抹灰法。底层灰厚度为 5 ~10mm,中层灰为 5mm,面层灰为 5mm,总厚度为 15 ~20mm,每层灰都应用木抹子压光,壁抹灰一般采用防水砂浆五层操作法。

(5)井座与井盖可用铸铁或钢筋混凝土制成,在井座安装前,测好标高水平再在井口先做一层 100 ~150mm 厚的混凝土封口,口凝固后再在其上铺水泥砂浆,铸铁井座安装好。镜检查合格,在井座四周抹 1∶2 水泥砂浆泛水,盖好井盖。

(6)在水泥砂浆达到一定强度后,经闭水试验合格,即可回填土。

(7)砌体砌筑质量要求如下:

①砌体上下错缝,无裂缝。

②窨井表面抹灰无裂缝、空鼓。

(二)化粪池砌筑

1. 化粪池的构造

化粪池由钢筋混凝土底板、隔板、顶板和砖砌墙壁组成。化粪池的埋置深度一般均大于 3m,且要在冻土层以下。它一般是由设计部门编制成标准图集,根据其容量大小编号,建造时设计人员按需要的大小对号选用。

2. 化粪池砌筑要点

(1)准备工作。

①普通砖、水泥、中砂或卵石，准备充足。

②其他如钢筋、预制隔板、检查井盖等，要求均已备好料。

③基坑定位桩和定位轴线已经测定，水准标高已确定并做好标志。

④基坑底板混凝土已浇好，并进行了化粪池壁位置的弹线。基坑底板上无积水。

⑤已立好皮数杆。

（2）池壁砌筑

①砖应提前一天浇水湿润。

②砌筑砂浆应用水泥砂浆，按设计要求的强度等级和配合比拌制。

③1砖厚的墙可以用梅花丁或一顺一丁砌法；$1\frac{1}{2}$砖或2砖墙采用一顺一丁砌法。内外墙应同时砌筑，不得留槎。

④砌筑时应先在四角盘角，随砌随检查垂直度，中间墙体拉准线控制平整度；内涵墙应跟外墙同时砌筑。

⑤砌筑时要注意皮数杆上预留洞的位置，确保孔洞位置的正确和化粪池使用功能。

（3）凡设计中要安装预制隔板的，砌筑时应在墙上留出安施隔板的槽口，隔板插入槽内后，应用1:3水泥砂浆将隔板槽缝填嵌牢固。

（4）化粪池墙体砌完后，即可进行墙身内外抹灰。内墙采用三层抹灰，外墙采用五层抹灰，具体做法同窖井。采用现浇盖板时，在拆模之后应进入池内检查并作修补。

（5）抹灰完毕可在池内支撑现浇顶板模板，绑扎钢筋，经隐蔽验收后即可浇灌混凝土。

顶板为预制盖板时，应用机具将盖板（板上留有检查井孔洞）根据方位在墙上垫上砂浆吊装就位。

（6）化粪池顶板上一般有检查井孔和出渣井孔，井孔要由井身砌到地面。井身的砌筑和抹灰操作同窖井。

（7）化粪池本身除了污水进出的管口外，其他部位均须封闭墙体，在回填土之前，应进行抗渗试验。试验方法是将化粪池进出口管临时堵住，在池内注满水，并观察有无渗漏水，经检验合格符合标准后，即可回填土。回填土时顶板及砂浆强度均应达到设计强度，以防墙体被挤压变形及顶板压裂，填土时要求每层夯实，每层可虚铺300～400mm。

（8）化粪池砌筑质量要求如下：

①砖砌体上下错缝，无垂直通缝。

②预留孔洞的位置符合设计要求。

③化粪池砌筑的允许偏差同砌筑墙体要求。

学习任务六　砖柱砌筑施工

学习目标

通过本单元知识的学习，了解砖柱构造和种类；了解砖柱施工前应具备的条件；学会砖柱施工，并掌握砖柱砌筑施工的要领。

学习任务

1. 进行砖柱的识别。

2. 编写出砖柱施工前应具备的条件。

3. 模拟进行砖柱施工。

任务分析

学生通过对图样的识别，了解砖柱施工每道工艺的内容；在模拟施工中，掌握如何采取正确的措施保证施工；在操作中合理砌筑砖柱。

任务实施

（一）方（矩阵）柱砌筑施工

1. 一般情况下方（矩形）柱砌筑施工

砌筑时先检查柱中心线及柱基顶面标高。基础面有高低不平时要进行找平，小于 30mm 可用 1∶3（质量比）水泥砂浆找平，大于 30mm 的应用细石混凝土找平。当多根柱子在同一轴线上时，要拉通线检查纵横柱中心线。

使各柱第一皮砖位于同一标高。标高水平及中心线检查完后，应在柱基顶面弹好基线，并进行摆砖撂地，不能采用五顺一钉砌法。正确的砌法如图 4-14 ~ 图 4-17 无论哪种砌法，均应使上下皮的竖缝相互错开 1 ~ 2 砖长度或 1/4 砖长，使柱心无通缝并尽量利用七分头。砌时砂浆要饱满，灰缝密实。不能先砌柱子四周后填心（包心砌法），图 4-18 是几种不同断面砖柱的错误砌法。柱子应选棱角方正的砖。为了及时纠正里背外胀凹凸不平的现象，应经常用线锤和拖线板检查，做到"三层一吊"、"五层一靠"，并随时检查是否方正。

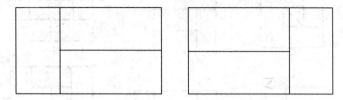

图 4-14　240mm×370mm 砖柱

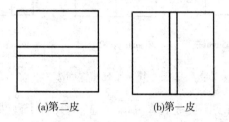

(a)第二皮　　　　　(b)第一皮

图 4-15　240mm×240mm 砖柱

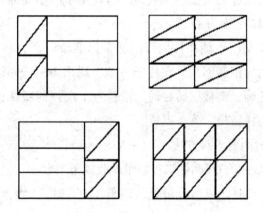

图 4-16　365mm×365mm 砖柱

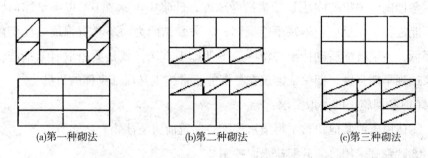

(a)第一种砌法　　　　(b)第二种砌法　　　　(c)第三种砌法

图 4-17　365mm×490mm 砖柱

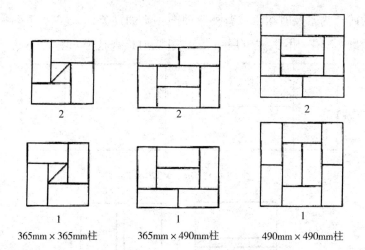

365mm×365mm柱　　　365mm×490mm柱　　　490mm×490mm柱

图 4-18　砖柱错误砌法

柱子每天砌筑高度不能超过 2.4m。太高了会由于砂浆受压缩后产生变形，可能使柱发生偏斜。对称的清水柱，在砌筑时要注意两边对称，不要砌成阴阳膀。砌完一步架再刮缝，清扫柱子表面。搭设架子时不能靠在柱子上，不能在柱子上留阴槎，以防把柱子挤歪。

砖柱与隔墙相交，不能在柱内留阴槎，只能留阳槎，并加连接钢筋拉结，如在砖柱水平缝内加钢筋网片，在柱子一侧要露出 1～2mm 以备检查，看是否一致，位置是否正确。砌楼层砖柱时，沿检查上层弹的墨线位置是否和下层柱对准。防止上下层柱错位，落空砌筑。

2. 冬期施工时的要求和方法

按照 GB 50203—2002《砌体工程质量验收规范》规定，当室外日常日平均气温连续 5 天低于 5℃时，或当日最低气温低于 0℃时，砌筑施工属于冬期施工阶段。

冬期砌砖突出的问题是砂浆遭受冰冻，砂浆中的水在 0℃ 以下结冰时，水泥不能进行水化反应，砂浆不能凝固，失去胶结能力而不具有强度，使砌体强度降低，砂浆解冻后砌体出现沉降。冬期施工方法，就是要采取有效措施，使砂浆达到早期强度，即保证砌筑在冬期能正常施工又保证砌体的质量。

（1）冬期施工的一般要求：

①体用砖或其他块材不得遭水浸冻，砌筑前应清冰霜。

②砂浆宜采用普通硅酸盐水泥拌制。

③石灰膏、黏土膏和电石膏等应防止受冻，如遭冻结，应经融化后方可使

用；受冻而脱水风化的石灰膏不可使用。

④拌制砂浆所用的砂，不得含有冰块和直径大于 10mm 的冻结块。

⑤拌和砂浆时，宜采用两步投料法。水的温度不得超过 80℃，砂的温度不得超过 40℃，当水温超过规定量时，应将水和砂先行搅拌，再加水泥，以防出现假凝现象。

（2）冬期砌筑的技术要求：

①要做好冬期施工的技术准备工作，如搭设搅拌机保温棚；对使用的水管进行保温。有时要准备保温材料（如草帘等）；购置抗冻掺加剂（如食盐和氯化钙）；准备烧热水用的设施等。

②普通砖、空心砖在正温下砌筑时，应适当浇水湿润；而在负温度条件下砌筑时，如浇水确有困难，则必须适当增大砂稠度。面对抗震设计烈度为 9 度设防的建筑物，普通砖和空心砖无法浇水湿润时，又无特殊措施，不得砌筑。

③冬期砌筑砖结构时对所用的砂浆温度要求如下：

• 采用氯盐砂浆法、掺外加剂法和暖棚法时，不应低于 5℃。

• 采用冻结法时，应按表 4-7 的规定。

表 4-7 温度要求

室外空气温度	0 ~ -10℃	-11 ~ -25℃	-25℃以下
砂浆使用最低温度	10℃	15℃	20℃

• 基础砌筑施工时，当地基土为不冻胀性土时，基础可在冻结的地基上砌筑；地基土为冻胀性时，必须在未冻的地基上砌筑。在施工期间和回填之前，均应防止地基土遭受冻结。

• 冬期施工砂浆稠度适当增大的参与值可见表 4-8。

表 4-8 冬期砌筑用砂浆的稠度

砌体种类	稠度（cm）
砖砌体	8 ~ 13
人工砌的毛石砌体	4 ~ 6
振动的毛石砌体	2 ~ 3

• 砌筑工程的冬期施工，一般应采用掺氯盐砂浆法为主。而对保温、绝缘、装饰等方面有特殊要求的工程，可采用冻结法或其他施工方法。

• 应采取措施尽可能减少砂浆的搅拌、运输、储放过程中的温度损失，对运输车和砂浆要进行保温。严禁使用已遭冻结的砂浆，不准以热水掺入冻结砂浆内重新搅拌使用，也不宜在砌筑时向砂浆中随便掺加热水。

●砖砌体的灰缝宜在 8~10mm，砂浆饱满，灰缝要密实，宜采用"三一"砌筑法，以免砂浆在铺置过程中遭冻。冬期施工中，每天砌筑后应在砌体表面覆盖保温材料。

（3）冬期砌筑的主要施工方法：

①掺氯盐砂浆法。在砂浆中掺加氯化钙（即食盐），如气温更低时可以掺用双盐（即氯化钠和氧化钙）。掺盐能使砂浆中的水降低冰点，并能在空气负温下继续增长砂浆强度，从而也可以保证砌筑的质量。其掺盐量应符合表4-9有关规定。

●砂浆使用时间的温度不应低于5℃；砌筑砂浆强度应按常温施工时提高一级。

表4-9　掺盐砂浆的掺盐量（占用水量的百分比）

项次	日最低气温			≥10℃	−11~−15℃	−16~−20℃	<20℃
1	单盐	氯化钠	砌砖	3	5	7	−
			砌石	4	7	10	
2	双盐	氯化钠	砌砖	−	−	5	7
		氯化钙		−	−	2	3

注：1. 掺盐量以氯化钠和氯化钙计。

　　2. 日最低气温低于 −20℃时，砌石工程不宜施工。

●若掺氯盐砂浆中掺微沫剂时，盐类溶液和微沫溶液必须在拌和中先后加入。

●对于发电厂、变电所等工程及装饰要求较高的工程，湿度大于60%的工程，不可采用此法。因为砂浆中掺入氯盐类抗冻剂会增加砌体的析盐现象，使砌体表面泛白，增加砌体吸湿性，对钢筋、预埋螺栓有腐蚀作用。配筋砌体如氯盐作抗冻剂，还须掺入亚硝酸钠作为抗冻剂。

②冻结法。冻结法是用不参有任何化学附加剂的普通砂浆进行砌筑的一种施工方法。它利用砂浆在凝结时砖与砂浆牢在一起，用冰的强度支持砌体的初始稳定。解冻后，砂浆仍能继续增长强度与砖黏结牢，但其黏结力会有不同程度的降低，并且还可能出现砌体在融化阶段的变形。为此在做冬期施工方案时，对原砖石房屋的设计进行补充设计，大致应考虑以下几点：

●在砂解冻期内，所砌墙体允许的极限高度。

- 在解冻期时，砖石结构需要采取的临时加固措施。
- 如果下一层墙壁需要加强时，应明确加强的方法。

所以在冻结施工时，既要考虑砂浆融化时的砌体强度，又要考虑砌体沉降时的稳定。下列的一些结构不应采用冻结法：

- 乱毛石砌体、空斗墙砌体、受侧压力的砌体。
- 在解冻过程中会遭到相当大的动力作用或有振动作用的、形状不规则的砖石结构。
- 在解冻阶段承受偏心荷载和有较大偏心距的结构、解冻时不允许发生沉降的砌体。
- 外挑较大，大于 180mm 的挑檐、钢筋砖过梁、跨度大于 1.2m 的砖砌平旋。
- 砖薄壳、双曲砖拱、薄壁圆形砌体或薄型拱结构等。

冻结法施工时，砂浆使用时的温度不应低于 10℃；如设计无要求，而当日最低气温不小于 -25℃时，对砌筑承重砌体的砂浆强度应按常温施工时提高一级；当日最低气温低于 -25℃时，则应提高二级。为了保证冻结法砌筑的砖石结构在解冻时的稳定性，一般应采取的加固措施如下：

- 在楼板水平面上墙的拐角处、交接处和交叉外每半砖设置一根 $\phi6$ 钢筋结筋，伸入相邻柱、墙中 1m 以上，在末端加弯钩，并用垂直短筋加以固定。
- 当每一层楼的砌体砌筑完后，应及时安装（或浇筑）梁板或屋盖，当采用预制构件时，应将其端部锚固在墙砌体中，梁板与墙体间距不大于 10 倍砌体厚度。
- 支承跨度较大的梁、过梁及悬臂梁的墙、在冬季来临前应该在梁的下部加设临时支柱，并加楔子用以调整结构的沉降量。
- 门窗框的上部应预留砌体的沉降缝隙、宽度在砖砌体中不应小于 5mm。砌体中的孔洞、凹槽、连槎等在开动前应填砌完毕。

此外，在采用冻结施工时应注意以下事项：

- 每天的砌筑高度及临时间歇处的砌体高度差，均不得大于 1.2m。
- 砌筑应采用满丁满条法，在门窗框上部位应留出缝隙，其缝宽度在砖砌体中不应小于 5mm，在料石砌体中不应小于 3mm。
- 跨度大于 0.7m 的过梁，应采用预制构件。
- 砖砌体的水平灰缝厚度不宜大于 10mm。
- 在墙体和基础中，不允许留出未经设计部门同意的水平槽和斜槽；留置在砌体中的洞口和沟槽等，宜在解冻前填砌完毕。

• 墙砌体上如搁置大梁，则在高端上部预留有 10～20mm 的空隙，以利解冻时砌体沉降。

• 解冻前，应把房屋中（楼板上）剩余的建筑材料、建筑垃圾等载重清理干净。

• 在解冻期间，应经常对砌体进行观测和检查，如发现裂缝、不均匀下沉等情形，应查清原因，并立即采取相应加固措施。

（4）其他的冬期施工方法

冬期的砌筑施工除了上述两种主要施工方法外，还有蓄热法、快硬砂浆法、暖棚法等。其大致情况如下：

①蓄热法。一般适用于北方初冬，南方的冬期，夜间结冻，白天解冻，正负温度变化不大的地区。利用这个规律，将砂浆加热，白天砌筑每天完工后用草帘将砌体覆盖，使砂浆的热量不易散失，保持一定温度，使砂浆在未受冻前获得所需强度。

②快硬砂浆法。就是砂浆水泥采用快硬硅酸盐水泥，一般可采用配合比为1:3 的快硬砂浆，并掺加5%（占拌和水重）的氯化钠。该方法适用于荷载较大的单独结构，如砖柱和窗间墙，快硬砂浆所用材料及拌和水的加热不应超过40℃，砂浆搅拌出罐温度不宜超过30℃，由于快硬砂硬化和凝固时间很快，因此必须在 10～15 分钟内用完。快硬砂浆可以在 -10℃ 左右继续硬化和增长强度。

③暖棚法、蒸汽法和电热法。这几种方法一般用于个别荷载很大的结构，急需要使局部砌体具有一定的强度和稳定性以及在修缮中局部砌体需要立即恢复使用时，方可以考虑其中的一种方法，这些方法费用较大，一般不宜采用。

冬期施工中采用哪一种施工方法较好，要根据当地的气温变化情况和工程的具体情况而定，一般以采用掺盐砂浆法或蓄热法为宜，严寒地区适用冻结法。

（二）圆柱砌筑施工

1. 圆柱砌筑施工方法

圆柱砌筑应先找好中心，根据圆柱半径的长度做一根长杆，将杆一端钉在柱中心上，把另一端按半径之长转一周，画出柱子的圆周线来。然后按线进行试摆，以确定砖的排砌方法。为了使砖柱内外错缝合理，砍砖少，又不出现包心现象，并达到外形美观，有时需试摆几种，选用较为合理的一种排砖方法，如图 4-19 所示。此部分的砖砌完一皮后应旋转90°，避免同缝。

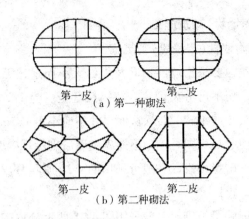

图 4-19　柱的排砌示意图

2. 质量标准

（1）一般规定

①冻胀环境的地区，地面以下或防潮层以下的砌体不宜采用多孔砖。

②砌筑时，砖应提前 1～2 天浇水湿润。烧结普通砖、多孔砖含水率宜为 10%～15%，灰砂砖、粉煤灰砖含水率宜为 5%～8%。

（2）主控项目

①砖和砂浆的强度等级必须符合设计要求。

抽检数量：每一生产厂家的砖到现场后，按烧结砖 15 万块为一验收批次，抽检数量为一组。砂浆试块的抽检数量、同一类型、强度等级的试块应不小于 3 组。

检验方法：查砖和砂浆试块试验报告。

②砌体水平灰缝的砂浆饱满度不得小于 80%。

抽查数量：每检验批抽查不应少于 5 处。

检验方法：用百格网检查砖底面与砂浆的黏结痕迹面积。每处检测 3 块砖，取其平均值。

③柱砌体的位置及垂直度允许偏差同砖砌体工程的有关规定。

（3）一般项目

①砖柱不得采用包心砌法。

检验方法：观察检查。

②砖柱的灰缝应横平竖直，厚薄均匀。水平灰缝厚度 10mm，但不应小于 8mm，也不应大于 12mm。

检验方法：用尺量 10 皮砖砌体高度折算。

(三)附墙柱(附墙垛)砌筑施工

1. 一般情况时附墙柱(附墙垛)砌筑施工

砖垛的砌筑方法,要根据墙厚不同及垛的大小而定,无论哪种砌法都应使垛与墙身逐皮搭接,切不可分离砌筑,搭接长度至少为1/2砖长。多根据错缝需要,可加砌七分头砖或半砖。砖垛截面尺寸不应小于125mm×240mm。

砖垛施工时应使墙与垛同时砌,不能先砌墙后砌垛再砌墙。

125mm×240mm砖垛组砌,一般可采用图4-20所示分皮砌法,砖垛的丁砖隔皮伸入砖墙内1/2砖长。

125mm×490mm砖垛组砌,一般采用图4-21所示分皮砌法,砖垛丁砖隔皮伸入砖墙内1/2砖长,隔皮要两块配砖及一块半砖。

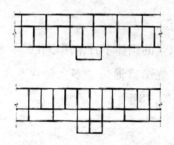

图4-20 125mm×240mm砖垛分皮砌法

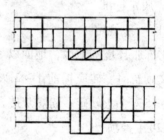

图4-21 125mm×490mm砖垛分皮砌法

125mm×365mm砖垛组砌,一般可采用图4-22所示分皮砌法,砖垛丁砖隔皮伸入砖墙内1/2砖长,隔皮要两块配砖及一块半砖。

240mm×240mm砖垛组砌,一般采用图4-23所示分皮砌法,砖垛丁砖隔皮伸入砖墙内1/2砖长,不用配砖。

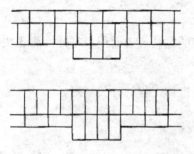

图4-22 125mm×365mm砖垛分皮砌法

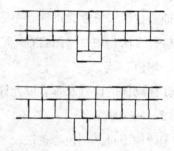

图4-23 240mm×240mm砖垛分皮砌法

240mm×365mm砖垛组砌,一般采用图4-24所示分皮砌法,砖垛丁砖隔皮伸入砖墙内1/2砖长,隔皮要两块配砖。砖垛内有两道长120mm的竖向通缝。

240mm×490mm 砖垛组砌，一般采用图 4-25 所示分皮砌法，砖垛丁砖隔皮伸入砖墙内 1/2 砖长，隔皮要两块配砖及一块半砖。砖垛内有两道长 120mm 的竖向通缝。

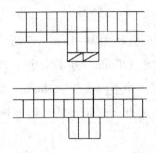
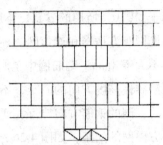

图 4-24　240mm×365mm 砖垛分皮砌法　　　图 4-25　240mm×490mm 砖垛分皮砌法

附墙柱是与墙体在一起的柱子。当砌附墙柱时，应使墙和柱成一个整体，墙与垛必须同时砌筑，不得留槎，墙与垛逐皮搭接，搭接长度不小于 1/4 砖长。头角根据错缝需要应用"七分头"组砖，砌时不能采用包心砖的做法。同轴线的砖垛，准线应挂在附墙柱内侧。

2. 雨期施工的要求

雨期来临，对砌筑工艺增加了材料的水分。雨水不仅使砖的含水率增大，而且使砂浆稠度值增加并易产生离析。用多水的材料进行砌筑，会发生砌体中的块体滑移，甚至引起墙整体安全性。因此在雨期施工，应做如下防范措施：

（1）该阶段要用的砖或砌体，应堆放在地势高的地点，并在材料面上平铺 2~3 皮砖作为防雨层，有条件的可覆盖芦席、苫面等，以减少雨水的大量浸入。

（2）砂子应在地势高处，周围易于排水。宜用中粗砂拌制砂浆，稠度值要小些，以适应多雨天气的砌筑。

（3）适当减少水平灰缝的厚度，皮数杆画灰缝厚度时，以控制在 8~9mm 为宜，减薄灰缝厚度可以减少砌体总的压缩下沉量。

（4）运输砂浆时要防雨措施，必要时可以在车上临时加盖防雨材料，砂浆要随拌随用，避免大量堆积。

（5）收工时应在墙面上盖一层干砖，防止突然的大雨把刚砌好的砌体中的砂浆冲掉。

（6）每天砌筑高度也应加以控制，一般要求不超过 2m。

（7）雨期施工时，应对脚手架经常检查防止下沉，对道路等采取防滑措施，确保安全生产。

（四）网状配筋砖柱砌筑施工

1. 一般工况下网状配筋砖柱砌筑施工

网状配筋砖柱是指水平灰缝中配有钢筋网的砖柱。网状配筋砖柱所用的砖，不应低于 MU10；所用的砂浆，不应低于 M5。

钢筋网有方格网和连弯网两种。方格网的钢筋直径为 3~4mm，连弯网的钢筋直径不大于 8mm。钢筋网中钢筋间距，不应大于 120mm，并不应小于 30mm。钢筋网沿砖柱高度方向的间距，不应大于 5 皮砖，并不应大于 400mm。当采用连弯网时，网的钢筋方向应互相垂直，沿砖柱高度方向交错设置，连弯网间距取同一方向网的间距，如图 4-26 所示。

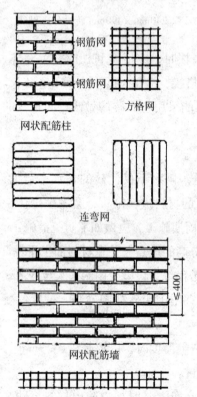

图 4-26　网状配筋砖柱

网状配筋砖柱砌筑时，按上述砖柱砌筑进行，在铺设有钢筋网的水平灰缝砂浆时，应分两次进行，先铺厚度一半的砂浆，放上钢筋网，在铺厚度一半的砂浆，使钢筋网置于水平灰缝砂浆层的中间，并使钢筋网上下各有 2mm 的砂浆保护层。放有钢筋网的水平灰缝厚度为 10~12mm，其他灰缝厚度控制在 10mm 左右。

2. 高温期间和台风季节的施工要求

沿海一带夏天比较炎热，蒸发量大，气候相对干燥，与多雨期间正好相反，即容易使各种材料变干而缺水。过于干燥对砌体质量亦为不利。加上该时期多台风，因此在砌筑中应注意以下几方面，以保证砌筑质量。

（1）砖在使用前应提前浇水，浇水的程度以把砖断开观察，其周边的水渍痕迹应达到 20mm 左右为宜，砂浆的稠度值可以适当增大，因为温度高蒸发量大，砂浆易变硬，以至无法使用造成浪费。

（2）在特别炎热的天气，每天砌完墙后，可以在砂浆已初步凝固的条件下，往砌好的墙上适当浇水，使墙面湿润，有利于砂浆强度的增长，对砌体的质量也有好处。

（3）在台风时期对砌体不利的是在砌体尚不稳定的情况下经受强劲的风力。

因此在砌体施工时要注意以下几个方面：一是控制墙体的砌筑高度，以减少悬壁状态的受风面积；二是在砌筑中最好四周墙同时砌，以保证砌体的整体性和稳定性。控制砌筑高度以每天一步为宜。因砂浆的凝固需要一定时间，砌筑过高会因台风引起砌体发生变形。此外，为了保证砌体的稳定，脚手架不依附在墙上；不要砌单堵无联系的墙体、无横向支撑的独立山墙、窗间墙、高的独立柱子等，如一定要砌，应在砌好后加适当的支撑，如木杆、木板进行加强，以抵抗风力的破坏。

砌筑中砌体遇到大风时，允许砌的自由高度参照相关规范。

以上所介绍的各种季节施工要求，属于常用的方法，在实际工作中应根据具体施工的地区、具体的施工条件，灵活地制定砌筑施工措施。

参考文献

[1]建设部人事教育司.土木建筑职业技能岗位培训教材：测量放线工[M].北京：中国建筑工业出版社，2005.

[2]建设行业职业技能培训教材编委会.建设行业职业技能培训教材：砌筑工[M].北京：中国计划出版社，2007.

[3]国家职业资格培训教材编写委员会.国家职业资格培训教材：砌筑工[M].北京：机械工业出版社，2005.

[4]施工工长业务管理细节大全丛书.施工工长业务管理细节大全丛书：砌筑工长[M].北京：机械工业出版社，2007.